歴史文化ライブラリー

187

日本の味　醤油の歴史

林　玲子
天野雅敏［編］

吉川弘文館

目次

関西地方の醤油醸造

1　日本の醤油とは

日本の醤油とは――プロローグ

(1)　日本料理の発展

日本料理の誕生　温帯地域にあって南北に細長い列島からなっている日本では、多様な食資源を育む気候・風土に恵まれており、季節感を重視した、食材の持ち味を生かす日本料理が発展した。いわゆる日本料理は室町後期に誕生し、江戸時代に完成したといわれている。

それ以前の奈良時代には、中国（唐）風の食事様式をとり入れた王朝貴族の儀式料理として大饗《たいきょう》料理というものがあったが、それは冷たい料理をたくさん並べることによって豪華さをだそうとしたものであり、塩・酢《す》・酒・醤《ひしお》などの調味料を好みに応じてつけて食べていたという。貴族のこうした食事様式は、武家の台頭によって変化した。また臨済《りんざい》宗《しゅう》の栄西《えいさい》や曹洞宗《そうとうしゅう》の道元《どうげん》により宋から禅宗が伝えられると、禅宗寺院では厳しい食事作法がおこなわれ、のちに寺院の精進《しょうじん》料理として展開した。儀式形式も膳《ぜん》や折敷《おしき》に飯・汁・菜を配置するものとなった。この膳形式が室町時代に儀式用の式正料理《しきしょうりょうり》となり、式正料理の中央の膳を本膳《ほんぜん》と称したところから、本膳料理という名称が江戸時代に確立したといわれている。大皿に盛られた料理をとりわけるという食事方法ではなく、一人一人に配膳するというこうした食事形態は、それにふさわしい料理をうみだした。饗応食としての本膳料理には、調理技術の煮るという操作が加わっており、料理の食べごろに供するという配慮がなされていたのである。

日本料理の完成と普及

栄西はまた茶を伝えており、『喫茶養生記《きっさようじょうき》』のなかで茶の効用を説いている。その後、僧侶たちにより京都・奈良を中心に茶所ができ、室町中期には栂尾茶《とがのおちゃ》・宇治茶《うじちゃ》が銘茶となった。喫茶の風習はこうして僧侶から武家・貴族などに広がり、村田珠光《むらたじゅこう》から武野紹鷗《たけのじょうおう》・千利休《せんのりきゅう》にいたって茶道が完成した。そして、温石《おんじゃく》に由来する懐石《かいせき》料理が生まれたのである。懐石料理の基礎を作った千利休は、一汁三菜を原則とする料理を考え、食品の持ち味を大切にして、贅沢《ぜいたく》や華美を競うのではなく、「頃」を得たおいしさ本位の料理とすべく配慮した。膳は折敷一つとし、飯《めし》椀《わん》・汁椀《しるわん》・向附《むこうづけ》・箸《はし》を配膳し、メインの煮物は銘々に椀で供され、折敷の外におかれていた。江戸時代にはいると、俳句を作る会のあとの酒宴から俳の会席がはじまり、会席《かいせき》料理として発展した。料理茶屋の出現によって、外食としての料理として発展し、料理茶屋の料理形式として普及した。「包丁人《ほうちょうにん》」と称された料理人を輩出し、切り方、器、盛り付けなどに工夫がなされ、洗練されたものとなった。そして、庶民の間でも、江戸後期には、饗応膳の形式が会席料理として定着した。また江戸では、料理茶屋をはじめ、周知のようにてんぷら・すし・そば・鰻《うなぎ》の蒲焼《かばやき》などの屋台見世《やたいみせ》が広く普及し、日本独特の和食が完成するとともに、日本料理の大衆化が進んでいたのである。

(2)　醤油の成立

醤と醤油　日本料理の発展過程をこのように整理すると、料理の変遷にともない、調味料にも変遷があったことがうかがえるであろう。奈良時代にあっては、王朝貴族の儀式料理の調味料として塩・酢・酒・醤がもちいられていたが、水の豊富なわが国では、その後煮物が発展するにつれて、それにふさわしい調味料が工夫されていったのである。

食材を塩漬けにして発酵させたものを醬といい、漬けるものによって、動物性のものには魚醬《うおびしお》・肉醬《ししびしお》があり、植物性のものには草醬《くさびしお》・穀醬《こくびしお》があった。魚の内臓を塩蔵《えんぞう》して造ったものが魚醬であり、米・麦・豆などの穀類に塩を加えて発酵させたものが穀醬で、野菜・果物などを塩漬けにしたものが草醬である。草醬が漬物に、魚醬が塩辛《しおから》にそれぞれつながり、穀醬がのちに味噌《みそ》・醬油《しょうゆ》に発展したといわれている。

関西の古い醬油産地で関東の醬油醸造業にも大きな影響をあたえたとされる紀州の湯浅《ゆあさ》では、湯浅醬油の起源について、由良興国寺《ゆらこうこくじ》の開山覚心《かいざんかくしん》（法燈国師《ほうとうこくし》）が鎌倉前期に中国の南宋から径山寺味噌《きんざんじみそ》を伝えたことにはじまると伝承されており、桶《おけ》の底に溜まった液汁の利用から種々工夫の末に醬油が考案されたという。湯浅では、正応年間（一二八八〜九三）に岩佐《いわさ》某《なにがし》により近隣に売られており、一五三五（天文四）年には赤桐右馬太郎《あかぎりうまたろう》により百余石の醸造がなされ、大坂雑魚場小松屋伊兵衛《ざこばこまつやいへい》に送られ販売委託されたのが他国移出の嚆矢《こうし》とされているが、それらを史料によって実証することはむずかしい。

一方、中国では明《みん》の時代に大豆《だいず》、小麦を原料とする醬油の製法が確立し、醬油という名称もこのころから一般化したのではないかとされている。日明貿易によって、中国南部の浙江省《せっこうしょう》、福建省《ふっけんしょう》の沿岸から日本の堺などに中国醤油が渡来し、その製法も伝えられたと推測されている。もっとも、中国の伝統的な醤油は濃厚なうま味をもつが、色はそれほど澄んでおらず、日本の醤油とはおのずから距離があり、日本の醤油にはその後の工夫と改良のあとがうかがえる。日本の醤油は、日本で改良が重ねられ、洗練され、造りだされたものと考えられるが、その過程を実証することはなかなか困難である。しかし、ここでは、中世末期の『多聞院日記《たもんいんにっき》』に注目し、その記事から当時の醤油の製法に接近しようとした吉田元氏や吉田ゆり子氏の研究をふまえ、『多聞院日記』の記事をつぎに若干レビューしておくことにしよう。

中世の醤油製法

一四七八（文明十）年正月から一六一八（元和四）年四月におよんでいる『多聞院日記』の大部分は、奈良興福寺多聞院の僧英俊《えいしゅん》によって記されたものである。それらの記事のなかには、「醤」「味噌」「唐味噌《とうみそ》」などの醤油に関連する用語が多数みとめられるので、いくつかの具体的な事例を紹介してみよう。

一五五〇（天文十九）年六月十二日の記事をみると、「一唐味噌今日入了《いりおわんぬ》、大豆一斗三升、小麦一斗三升、塩一斗三升、水三斗三升入了、水ハ惣〆《そうしめ》一色ノ升数ノ三倍也」とあり、一五六五（永禄八）年七月の記事には、「一唐ミソ大豆五斗、麦五斗半大半少、塩五斗、水一石四斗二升入了、廿二日ニ子《ね》サセテ廿九日ニ入了、一醤大麦《ヒシウマツキ》三斗、マメ九升、塩九升、水二斗四升入了、以上為後年注之《こうねんのためこれをちゅうす》」とある。また一五六六（永禄九）年八月五日の記事をみると、「一唐味噌大麦白三斗、大豆三斗今日子サセ了、十二日ニ入了、塩三斗、水八斗入了」とあり、一五六八（永禄十一）年七月十八日の記事には、「唐ミソ十日ヨリ子サセ今日入了、小麦一斗、大麦一斗、シヲ二斗、マメ二斗、水五斗五升入了、マメノニシル入了、水ノ代ニ入也《いるなり》、則《すなわち》水ヒカエ了」とあり、同年七月二十七日の記事には、「一醤大麦一斗五升、塩四升、水一斗一升、マメ四升五合入了、一段花よく付了、此近年アマリシルキ間、此通ニ塩水ヒカヘ了、ケコンヰンノヲ五升別ニ入了」とある。そして、一五七四（天正二）年閏《うるう》十一月八日の記事には、「ミソマメ五斗煮之了」とあり、同月十一日の記事には、「一ミソ五斗、マメカウシ四斗、シヲ一斗八升入了」とある。

これらの記事によると、醤、味噌、唐味噌はおのおの異なったものであり、その製法も異なっていたとみてよい。味噌は大豆を煮て、麹《こうじ》・塩を混ぜ合わせて造られているが、醤は大麦・大豆・塩・水から造られており、それらの割合は、大麦を一とすると、大豆〇・三、塩〇・二六〜〇・三、水〇・七三〜〇・八となっており、大麦を主体とし、それに大豆を配合した穀醤であったと考えられる。

また唐味噌は、大豆・大麦ないし小麦・塩・水から造られており、それらの割合は、大豆を一とすると、大麦ないし小麦一、塩一、水二・五四〜一・八四となっていた。大豆、大麦ないし小麦、塩が一対一対一の比率で使用されており、留意すべきことである。そして、一五六六（永禄九）年八月五日の既述の記事からもうかがえるように、同量の大麦と大豆を「子サセ」、製麹《せいきく》し、「十二日ニ入了、塩三斗、水八斗入了」とあることから、一週間後に仕込みがなされていたのである。仕込みにあたり使用された水の分量は、大豆と大麦ないし小麦の生石量の和（いわゆる元石）に対するその比率を計算すると一・三水というところであり、ほかの唐味噌の仕込みの事例でも一・七〜一・四二水というところであった。

ちなみに、醤油の製法は、一定の加工を施した同量の大豆と小麦に麹菌を植え付け、製麹し、それを食塩水といっしょに仕込み発酵させ、諸味《もろみ》として熟成するのをまって、それをしぼり生醤油とし、加熱処理を施して製品としての醤油としているのであるから、唐味噌の製法は、その仕込みにあたって使用された水の分量が多いきらいがあるとはいえ、こうした醤油の製法に相通ずるものがあったといってよいであろう。

『多聞院日記』の記事をさらにみると、「唐ミソノシル（タウミソノシル）」、「タウミソノカス」などの興味深い表現がみとめられるので、それらの事例もつぎに紹介しておこう。

一五六五（永禄八）年十二月二十五日の記事をみると、「一節季下行事《せっきしもぎょうじ》、（中略）餅五十枚、牛房《ごぼう》一ワ、ヰロリ一升、タウミソノシル一升中御門《なかみかど》へ遣之《これをつかわし》、同《モチ》廿枚チヤ〱へ遣之」とあるし、一五七四（天正二）年閏十一月十九日の記事には、「一ヒセンへ為歳末《さいまつとして》シヤウリ四足下《くだし》、夫婦、ムスメ、二郎太へ遣之、タウミソノシル一樽下《くだす》」とある。また同年十二月十九日の記事には、「一意斎ヨリ状来間《じょうきたるのあいだ》、以次《もってつぎに》ミソレ一樽、唐ミソノ汁小樽遣之」とあり、同月二十一日の記事には、「一意斎ヨリアキ樽ニ上了」とある。そして、一五七六（天正四）年正月晦日《みそか》の記事には、「下四郎楊本《やなぎもと》へ遣了、ヒセンタウミソノカス下」とある。

歳末から正月にかけてみられたこれらの記事によると、「一樽」「小樽」「一升」というような単位で「唐ミソノ汁（タウミソノシル）」が遣いものとされており、ある時には「タウミソノカス」も与えられていた。こうしたことから、おそらく唐味噌を絞り、液汁分を滲出《しんしゅつ》させ、「唐ミソノ汁（タウミソノシル）」とし、液汁分を絞ったあとに残った粕《かす》を「タウミソノカス」といい、ともに利用に供していたことが考えられる。固形分と液汁分が未分離な唐味噌から液汁分を絞り出し唐味噌汁としていたと考えられるのであるから、この唐味噌汁は、現代的にいえば原料分の残る諸味から液汁分を搾取した醤油に相当するものとみてよいであろう。

かくて、十六世紀中葉の南都では、醤・味噌・唐味噌はそれぞれ異なったものと認識されており、なかでも唐味噌は、原理的には醤油の製法に相通ずる製法で造られていた。そして、そうした唐味噌から液汁分を搾取した唐味噌汁が利用に供されていたのであるから、日本の醤油はそのころまでに成立していたといえよう。すでに触れたように、中国の宋から鎌倉前期に径山寺味噌が伝えられたとされており、室町期以降の日明貿易によって、中国醤油が渡来し、その製法も伝えられたとされることなどをおそらくふまえ、十六世紀中葉の南都では、醤油の製法に相通ずる製法で唐味噌が造られており、その液汁分を搾取した、事実上醤油に相当する唐味噌汁が使用されるにいたっていたと考えられるのである。

(3)　醤油の発展

濃口醤油　関西の古い醤油産地で関東の醤油醸造業に大きな影響をあたえたとされている紀州の湯浅にあって、十九世紀前期に御仕入湯浅醤油屋の年行司《ねんぎょうじ》をつとめ、明治初期には醤油造元中の添行司《そえぎょうじ》をしていた久保家の歴史的沿革を綴った『〼《やませ》

印《じるし》醤《しょう》油《ゆ》沿革誌《えんかくし》』をひもとくと、湯浅醤油の歴史を考えるうえで示唆的な記述にしばしば遭遇する。そうした一例をあげると、一八七八（明治十一）年に「はじめて薄口醤油を大阪に輸送シ、大いに世人《せじん》の称賛を得」、「爾来《じらい》同地に輸出するもの日に多きを加ふ、之《こ》れを当県薄口醤油輸出の嚆矢《こうし》とす」とあり、湯浅で淡《うす》（薄）口《くち》醤油が製造されはじめたのは明治以降のこととされている。関西の料理が現在淡口醤油をベースにしていることはよく知られているが、近世の湯浅醤油は、関西にありながら濃口《こいくち》醤油であったことが示唆されており、湯浅醤油業はむしろ関東の醤油醸造業などと親和性をもっていたのである。のちに銚子《ちょうし》最大の醤油醸造業者となり、野田のキッコーマンについで国内第二位のメーカーとなるヤマサの初代浜口《はまぐち》儀《ぎ》兵衛《へえ》は、湯浅に隣接する広《ひろ》村（現、広川町）から銚子に下り、元禄年間（一六八八～一七〇四）に味噌・醤油の仕込みをはじめたとされており、浜口家の屋号であった「広屋」と同じ屋号をもつ醤油醸造業者も、銚子では岩崎重次郎家など複数にのぼっていた。紀伊半島沿岸と銚子とは黒潮の流れを介して結びついていたのであり、十七世紀後半には、関西から関東へ醤油醸造技術が伝えられていたのである。そして、この場合の醤油は、近世の湯浅醤油が濃口醤油であったとされていることを考慮すると、濃口醤油であったと思われる。

濃口醤油は、こうして日本の各地で造られるようになり、最近のデータによれば、一九九五（平成七）年には国内の全醤油生産量の八三%を占めている。一般に醤油といえば、この濃口醤油をさしており、つけ醤油、かけ醤油、煮物など料理全般に使用されている。ただ東海地方では、豆味噌の製造途中に分離した液汁からいわゆる溜《たまり》醤油が成立し、濃口醤油と同様に使われるとともに、とりわけ照りとコクをだす料理に愛用されている。溜醤油は、小麦を用いず大豆のみで造られているが、若干小麦を配合する場合もある。色・味ともに濃厚なのが特徴であり、一六九九（元禄十二）年に商品化されたという。一九九五（平成七）年の生産量は、国内全醤油生産量の一・七%ほどであった。

淡口醤油

素材の色を生かし、素材のうま味を引き出すような料理に最適な調味料として造られたのが淡口《うすくち》醤油であり、播州《ばんしゅう》の龍野《たつの》を発祥地としている。一八九〇（明治二十三）年の龍野醤油醸造業組合の沿革取調書には、「龍野醤油ノ醸方《かもしかた》ハ他国産出ノ醤油ニ異リテ世上ニ称賛ヲ得タルハ、其色稀薄透明ニシテ、一種ノ佳香《かこう》タルガ故《ゆえ》ナリ」とある。龍野城下の東側を流れる揖保川《いぼがわ》の水質は、鉄分の含有量が少ない軟水《なんすい》で、これを醸造用水として淡口醤油が誕生したのである。龍野醤油は、天正年間（一五七三〜九二）に横山家と円尾《まるお》家によって酒造と兼業のかたちをとり生産がはじめられ、円尾家によって寛文年間（一六六一〜七三）に淡口醤油が開発されたといわれる。製法は、濃口醤油の製法と基本的には同じであるが、大豆と小麦の処理方法に工夫をし、塩を多めに配合し、熟成期間を短めにすることにより、醤油に色をつけないようにしている。龍野醤油の販路は、既述の龍野醤油醸造業組合の沿革取調書によると、「始メ寛文年度大阪ニ輸出ス、堺・京都之レニ次キ、其他接近ノ諸国ニモ聊《いささ》カ販売ヲナセリ、其后《そのご》正徳年度ニ至リ、年ヲ経ル六拾年大阪ヲ主トス、其他ハ京都・近江・兵庫等ナリトス」、「龍野醤油ハ延宝初年ノ交《こう》ヨリ京都ヲ主トシテ輸出シ居リシニ、享保年度ニ至リ頓《とみ》ニ其数ヲ増加ス故ニ京都ノ醤油製造家ヲシテ年々其数ヲ減セシメタリ」、「享保年度ヨリ文化年度ニ至ル年ヲ経ル八十余年間京都ヲ以テ最モ主トシ、其他ハ大阪接近諸国ニ輸出ヲナセリ、降《くだり》テ安政年度ニ至リ販売ノ地ハ京阪共ニ同額ノ輸出ヲナシ、其他近江・若狭・因伯《いんはく》等ノ諸国ニ輸出ス、安政年度ヨリ今明治ニ至リ三拾余年ノ間大阪ヲ以テ主トシ、京都之レニ次ギ関西ノ諸国及東京等ニ多少ノ輸出ヲナス」とある。

販路に変遷があったことがうかがえるとはいえ、京都や大阪を中心とする関西が主要市場であったといってよい。京都で発展した精進料理は、高野豆腐《こうやどうふ》、湯葉《ゆば》など、自然の色に炊き上げる淡口の調味となり、これは今もつづく伝統である。一九九五（平成七）年の淡口醤油の生産量は国内の全醤油生産量の一四・一％ほどであったが、龍野では、同年の醤油出荷量の七一・四％を淡口醤油が占めていたのである。

醤油の多様化

近世後期にはいると、醤油の多様化がさらに進んだ。再仕込醤油と白醤油の登場である。再仕込醤油は、防州の柳井《やない》の醤油醸造業者四代目高田伝兵衛が天明年間（一七八一〜八九）に岩国藩主に献上したのがはじまりとされており、中国地方の西部から九州北部に普及した。製法は濃口醤油の諸味をしぼってできた生醤油にふたたび麹を仕込み熟成させて造られる。濃口醤油よりもほぼ倍の材料と時間をかけて造られるので、色も味も濃厚であり、「甘露《かんろ》醤油」ともいわれる。濃口醤油とほとんど同様に使われるが、つけ醤油、かけ醤油に適している。一九九五（平成七）年の生産量は、国内全醤油生産量の〇・六％ほどであった。

主として大豆から造られる溜醤油の成立した東海地方において、十九世紀初頭に造られたのが白醤油である。三河国新川《しんかわ》の現ヤマシン醤油（愛知県碧南市《へきなんし》）が一八〇二（享和二）年に造りはじめたともいうし、一八一一（文化八）年尾張国愛知郡山崎村で造られはじめたともいう。白醤油は、主として小麦を原料としており、色は淡口醤油よりも淡く、琥珀《こはく》色《いろ》をしている。淡白な味と香りで、汁物や煮物などに適している。一九九五（平成七）年の生産量は、国内全醤油生産量の〇・六％ほどであった。

こうして、江戸時代を通じて、濃口醤油、淡口醤油、溜醤油、再仕込醤油、白醤油が造りだされ、醤油の多様化が進み、醤油の種類が豊富になった。それぞれに製造方法や味、香りが異なっており、醤油の個性に応じて料理ごとに使い分けがなされ、食文化が豊かになっていったのである。醤油は、現在、濃口醤油、淡口醤油、溜醤油、再仕込醤油、白醤油の五種類に分けられているが、それらの各醤油は江戸時代を通じて造りだされたものといってよいのである。

（林　玲子・天野　雅敏）

国際的商品となった日本醤油

醤油の国際化

国際化を論ずるにあたり、筆者はつぎの三点を問題にあげたいと思う。①醤油原料の調達、②醸造施設の設置・運営、③販売地域・消費者の動向。

国際化の問題点

江戸時代には①・②は日本国内にかぎられていた。③は少量の輸出があったので、はじめに「近世の日本醤油とアジア・ヨーロッパ」で日本醤油のアジア大陸、東南アジアとの関係、ヨーロッパへの輸出などをのべたい。つぎに明治期以降、①〜③を時期を追って追究したが、わからないことが多い。筆者たちは「醤油醸造業史研究会」という全国的な組織を通じ、日本各地で調査活動をつづけてきたが、時期的には昭和前期ぐらいが下限であ特にどうにもならないのが第二次世界大戦期だ。筆者の年代の者は、醤油の配給が絶えだえになったことや、アミノ酸醤油というまがい物に近い品を思い出すだろう。醤油業者たちは戦時統制のなかで転業・廃業を迫られたと思うが、今その時期の史料を求めることは難しいだろう。個別業者で長期に営業をつづけ、経営史料を残している場合があっても、まだ研究者がほとんど手をつけてはいない。

こうしたなかで近代の動向をさぐるにあたり、できるだけ大戦前と大戦後の違いをえぐりだしたいと思ったが、不明点が多いので今後の研究に待つところが大きい。

醤油の研究状況

現在、日本醤油は国内だけではなく、広く海外で愛好される商品となりつつある。ここでは醤油のグローバル化を追うことを目的とするが、鎖国貿易が展開した江戸時代と、近代化の進んだ明治期以降では大きな相違点がみられる。そのため、近世と近代に分けてのべることにしたい。

(1) 近世の日本醤油とアジア・ヨーロッパ

中国大陸から日本へ

日本の「うま味」のルーツには、アジア大陸から入ってきた穀類を原料にするものと、アジア東南方の島々から伝わった魚類を原料とするものの二つがあるという（図1参照）。醤油は前者に属する醸造物だが、その発祥の地は中国であった。以下、その道の先達である田中則雄氏の業績を中心にすえてのべることにしよう。

大豆・小麦を原料とする醤油の製法が中国で確立したのは明《みん》の時代らしく、このころから醤油という名称も一般化したという。日明貿易により中国醤油が日本に渡来し、その製法も伝えられたらしい。中国南部の浙江省《せっこうしょう》、福建省《ふっけんしょう》の沿岸から日本の堺《さかい》地方に入ってきたのではないかと田中氏は推測している。

日本では改良をかさねたらしく、中国製より色・味・香りともすぐれた醤油が生まれた。もっとも特定の場所や、生産者がいたのではなく、日本各地で特徴をもった品が開発されたようだ。ただし、各地といっても、醤油は一定の温度以上でないと造れなかったし、しぼるためには屈強な男性の力が必要で、仕込むには蔵の設備が不可欠だったから、味噌のようにどこでも生産できたわけではない。

いずれにせよ、アジア大陸から日本に伝来したことは明らかになりつつあるが、醤油が各地にどのように拡がっていったか、そしてその地の事情に応じてどんな特徴が生まれてきたかなど、多くの謎があるのに、研究はまだまだといった状態である。ただ、中世後期の史料に醤油が登場してくることや、近世前期に東西で生産がはじまった実態、さらに流通のあり方もいくらか探れるようになった。ここでは国際的な側面に記述を限定しよう。

東南アジア各地に送られた日本醤油

日本醤油は江戸時代海外に向けての唯一の表向き窓口であった長崎から、外国貿易船によりまず東南アジア各地に運ばれた。密貿易や他の貿易路がなかったわけではないが、醤油のような低価の民需のものはまず対象とはならなかっただろう。鎖国時代の長崎にはオランダ船・中国船しか入航できなかったから、この二国との貿易がさかんだった地域が販売圏と

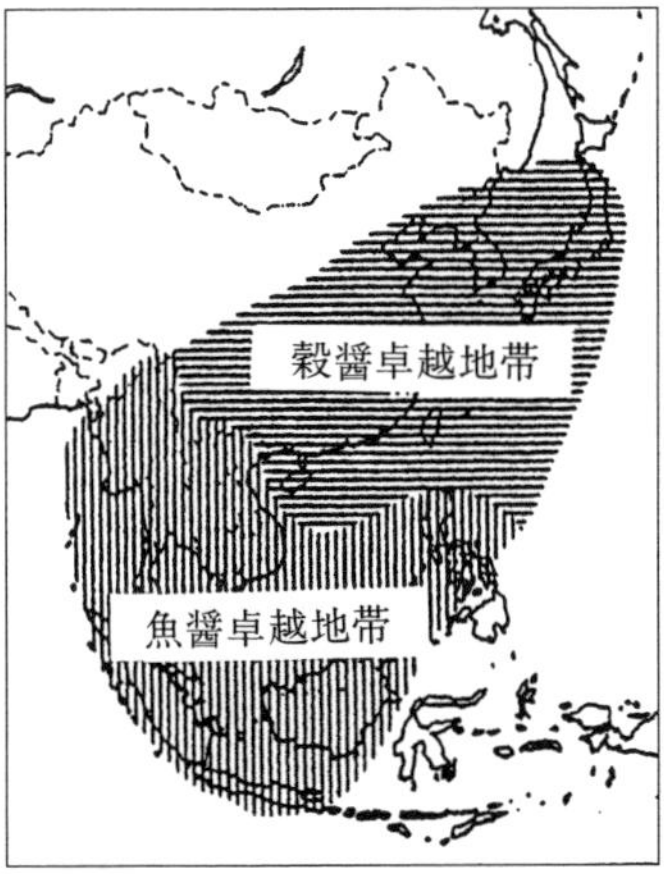

図1　うま味の範囲（石毛直道ほか『魚醤とナレズシの研究』岩波書店，1990年より）

なる。主な消費者は華僑《かきょう》（先祖が中国系の人びと）だったらしい。

オランダ東インド会社が日本醤油をはじめて輸出したのは一六四七年だった。一〇樽（一樽一斗六升入り）を台湾商館に送ったという。そしてそこから東南アジア諸地方に運ばれたようだ。まだ日本での生産が少なかった時代だが、輸出はその後もずっとつづけられたらしい。田中氏の調査によると、①タイワン、②トンキン、③シャム、④バタビア、⑤マラッカ・カンボジア、⑥コロマンデル・ベンガル、⑦セイロン、⑧スラッタ（インド西海岸）、⑨アンボイナ・テルナテ（モルッカ諸島）・マカッサル（セレベス島）などに販売されたという。

なお、一六九三（元禄六）年の地域別輸出量は表1に示すとおりで、まだ少量である。どの地域産の醤油だったのかは不明だ。

ヨーロッパに拡がる

「長崎商館仕訳帳《ながさきしようかんしわけちよう》」という史料によると、一七三七（元文二）年に醤油大樽七五樽がバタビアに輸出されたが、そのうちの三五樽がヨーロッパのオランダ本国に送られたという。それが最初であったかどうかはわからないが、醤油の国内生産が上向いてきたころの記録であることや、海外と接触できたのは長崎

表1　元禄期の輸出

地　域	数量
バタビア	60樽
セイロン	12樽
コロマンデル	4樽
ベンガル	3樽
アンボイナ	3樽
バンダ	3樽
テルナテ	3樽
マカッサル	2樽
マラッカ	3樽
計	93樽

(田中則雄『醤油から世界を見る』より)

表2　18世紀前期(1711年)の中国船の日本醤油の輸出

船	輸出樽数	*
4番寧波船	47樽	560
36番寧波船	12樽	707
31番台湾船	37樽	723
5番寧波船	58樽	752
39番台湾船	10樽	766
44番広東船	100樽	792
52番咬𠺕吧船	370樽	800
	634樽	

*=唐蛮貨物帳印影本(上)のページ。
(田中則雄『醤油から世界を見る』より)

表3　18世紀後期の長崎商館の醤油輸出

年	輸出樽数
1761(宝暦11)	70樽
1762(〃 12)	70樽
1763(〃 13)	70樽
1764(明和元)	40樽
1765(〃 2)	40樽
1766(〃 3)	40樽
1767(〃 4)	40樽
1768(〃 5)	不明
1769(〃 6)	〃
1770(〃 7)	〃
1771(〃 8)	〃
1772(安永元)	〃
1773(〃 2)	〃
1774(〃 3)	40樽
1775(〃 4)	30樽
1776(〃 5)	30樽
1777(〃 6)	75樽
1778(〃 7)	65樽
1779(〃 8)	60樽
1780(〃 9)	70樽
1781(天明元)	53樽
1782(〃 2)	来航なし
1783(〃 3)	60樽
1784(〃 4)	57樽
1785(〃 5)	70樽
1786(〃 6)	90樽
1787(〃 7)	75樽
1788(〃 8)	75樽
1789(寛政元)	80樽
1790(〃 2)	62樽
1791(〃 3)	来航なし
1792(〃 4)	10樽
1793(〃 5)	輸出止む

「長崎商館仕訳帳」によって作成。(田中則雄『醤油から世界を見る』より)

商館だけだったので、十八世紀中葉に日本醤油がヨーロッパに紹介されたのは確実だったとみてよかろう。表2、表3にみられるように、元禄期よりは十八世紀に入ると輸出量はのびている。ただし、横ばいだし、不明や来航がない年があるので、ほそぼそとつづいていたのだろう。

長崎ではオランダ人や欧州各国の人びとが商館に勤務していたので、醤油がヨーロッパ各国に浸透してくると、その製法や味などについての記述が文献にみられるようになる。フランスのディドロが編纂《へんさん》した『百科全書』（一七六五年刊）に醤油の項があり、日本産の一種のソースで、オランダからフランスにもたらされ、よい味で中国産よりはるかにすぐれているなどと書かれていた。そのほかにもいくつかの書物に記述されており、十九世紀に入ると日本醤油はヨーロッパで相当有名になったらしい。ただし、窓口がオランダだったため、現在でも欧米でソイとかソイ・ソースといわれている醤油の訳語の語源はオランダ語だ。オランダ語のsoya《ソヤ》が英語のソイ（soy）、フランス語のソヤ（soya）になったという。もっとも、このソヤは醤油原料の大豆を同時に意味したようだ。当時のヨーロッパには大豆がなかったからだという。

開港以降の評判

一八五四（安政元）年に日米和親条約が結ばれ、日本は以後開港を迫られる。条約批准のための使節がアメリカにおもむき、帰途インド洋経由の海路で持参の味噌・醤油がなくなり、塩で味つけしていたところ、バタビア（ジャカルタ）で日本醤油をみつけ、大喜びしたらしい。その後、文久年間（一八六一〜六四）に幕府がヨーロッパに使節団を派遣したが、この一行に随伴した高嶋久也《たかしまひさや》（祐敬《すけたか》）は著書『欧西紀行《おうせいきこう》』のオランダ篇の中に興味深い記事を記している。

オランダのハーグに、屋上に日本の国旗を立てた日本屋という大きな商店がある。その主人が言うには、一番もうかるのは日本の醤油だとのことだった。我々の持ってきた醤油が残り少なくなっていたので、ここで五〇瓶を買った。値段は一瓶金一分二朱余に相当した。

当時の両替相場は不明だが、一升が金一両以上という高値の日本醤油に使節団はびっくりしたことだろう。貨幣価値が下落したとはいえ、金一分二朱《いちぶにしゅ》なら日本でかなりの商品が入手できたはずだ。日本屋では各種の日本産商品を並べていたが、一番もうかるのは醤油というからには売上額も多かったのだろう。

ヨーロッパ各国での評判が良いため、安い中国やインドネシア産の商品が日本産とされて各地で販売され、ドイツではにせ物の日本醬油が横行したという。とうとうソヤ、ソイ・ソースという言葉は中国産醬油を意味するほどにまでなった。

日本醬油の容器

日本国内で醬油が流通するようになると、どのような容器で輸送されたかが問題になる。水路が多く利用されたから、国内では樽づめで運ばれたが、海外には陶製の瓶につめて送られた。時代により瓶も変化したと思うが、現在まで残っているのは「コンプラ」とよばれる長崎県波佐見《はさみ》産の物である。近世初頭にポルトガル人貿易商が長崎出島《でじま》に移住させられた時、オランダ人に日用品を売りこむ特権を与えられたのがコンプラ仲間であった。株が認められ、その売買もなされたようだ。このコンプラ仲間の最大の取引は醬油だったそうで、海外輸出もかれらの手をへたのかもしれない。

こういう由来を持つコンプラの名称は会社名となったらしく、幕末にコンプラ会社と特約を結んだ日本商人が輸出商品容器として陶製瓶を扱った。最盛期には一ヵ年四〇万本ぐらい取引されたという。一本には三合《さんごう》つめられたから、輸出量が推算できるだろう。ただし、国内のどこの産の醬油がつめられたのか、その労働力がどのようなかたちで調達されたかなどは、国内流通を支えた樽同様、まったく不明である。ただし、長崎に送られただろうから、つめる醤油はその近辺産のものだったろう。現在、東京でコンプラ瓶を所有している方がおられるが、九州で醤油造りをしていた人の後裔《こうえい》だそうだ。ただし、所蔵のコンプラ瓶が自家で使用された容器か、記念に購入されたものであるかは不明である。コンプラ瓶を含め、醤油容器の研究を深める必要があるであろう。

図2　ヨーロッパ輸出用の陶器醤油瓶
（長崎市立博物館所蔵）

(2)　近代における国際化

海外各地での努力

関東醤油は十九世紀に生産量が伸び、江戸・東京の需要に応《こた》えたが、幕末には生産過剰となる。醤油という商品は一定以上の個人消費量が望めない性格を持っており、一方、蔵造りは生産量の調整を簡単にはできない。しかも野田・銚子《ちょうし》をはじめ、遠隔地市場を対象とする醸造業者の増加や、一軒あたりの生産高の増大がみられた。このため、大手業者は輸出高を伸ばすことに努力を払うようになる。そのためには海外での日本醤油の評価、各地での類似商品との競合関係、海外工場の状況、扱い業者の動態などの調査が必要となる。これは現在でもおこなわれていることだ。明治・大正期に海外各地の調査がさかんになされており、そうした資料に外務省外交史料館文書をはじめ、銚子のヤマサ醤油株式会社に「ヤマサ史料」として整理中の厖大《ぼうだい》な資料群があるが、それらを田中則雄氏が丹念に収集し発表されているので、それを筆者なりにまとめてみよう。

調査活動

明治・大正期の海外調査は中国大陸が中心だった。日本の大陸侵略政策がはっきりしてきた時期である。ただ醤油は戦争とは直接関係がない物品であり、調査の多くは内地醤油醸造業者やその組合などから政府機関に要望されたが、その場合各地領事館などは詳細な報告をしており、その多くはアジア大陸からのものだ。そのなかでも満洲（現在の中国東北地方）が主要なものであった。チチハル・ハルビン・農《のう》安《あん》・長春《ちようしゆん》・鄭家屯《ていかとん》・鉄嶺《てつれい》・奉天《ほうてん》・遼陽《りようよう》・撫順《ぶじゆん》・営口《えいこう》・牛荘《ぎゆうそう》などからの報告書により、まず第二次世界大戦前の状況をみてみよう。

時期は日露戦争直後の明治四十年代と、大正期の資料が中心だ。総体に言えることは、中国東北地方（旧満洲、以下当時の表現によりこの呼称を用いることとする）では日本醤油の

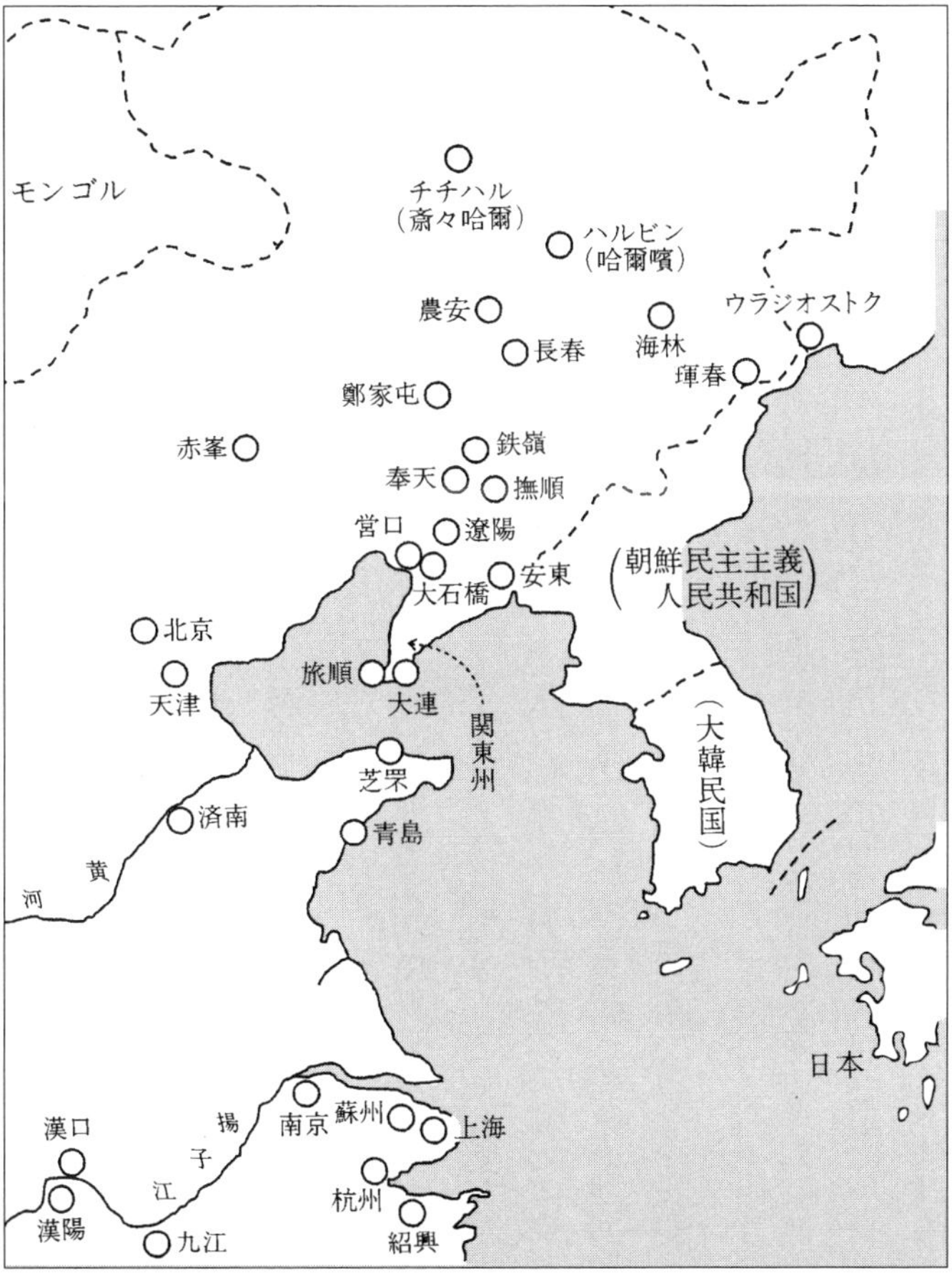

図3　大正期，領事館所在地・関係地名（田中則雄『醬油から世界を見る』より）

評判、需要の伸びは良好だったらしい。一つには、日本の満洲対策により日本内地からの移住者が急激に増加し、日本人好みの醤油の需要が伸びたという側面があった。そのため、日本からの輸入量が最初はふえる。しかし、そのうち中国人中流家庭以上の人が消費者となってきた。何しろ、醤油原料の大豆・小麦はこの地域で調達できたし、技術は違っていても、もともと中国では醤油は古くから醸造されていたのだから、切り替えさえすれば日本と同じ種類の産物は簡単にできるようになる。

そのため、日本企業の現地生産の動きや、満洲人工場の新動向によって日本醤油の需要増はみたされるようになったという。かえって日本内地からの輸出高は減少に向かった。一方、満洲から日本醤油醸造地に対して大豆の積出しはきわめて激しくなっていく。さらに朝鮮半島での植民地化が進むにつれ、同地での日本醤油生産も満洲同様進展する。満洲・韓国・半植民地化された関東州を対象とした醤油業のあり方を今後総合的に探究する必要があると思う。

なお、他地域からの報告によると、東南アジアでは日本人移住者人数は少なく、現地人の需要者もあまりおらず、輸入量は近世からそう伸びていない。ただハワイや北米へ大正期にかけて日本人移住者が増加しているので、明治・大正期の日本醤油輸出は満洲・関東州・ハワイ・北米中心だったようである。

その後大正期にも満洲方面から報告がなされている。そのなかには興味深い記述が多いが、特に輸入にあたりどの醸造地からの商品が多いか、輸入高の多い銘柄は何か、消費者はどういう人たちかなどが目をひく。こういう事情を背景にキッコーマン、ヤマサ、マルキンなど内地の大手企業が現地工場を設立、運営に努力したのである。

なお、諸調査だけでなく、醸造業者が直接醤油の市場開拓にのり出したこともある。一八七三（明治六）年におけるヨーロッパのウィーン万国博覧会、つづいてアムステルダム、パリでの博覧会に野田の茂木佐平治《もぎさへいじ》が自家醤油製品を出品し、有功賞、金牌《きんぱい》を得ている。また、一八八一年に関東の醤油醸造業者たちが設立した東京醤油会社は、一八八六年に市場開拓のため社員をドイツ、フランス、オランダに派遣したという。

（林　玲子）

醤油の原料

醤油の原材料は各地の事情によりそれぞれ異なっているが、その大部分は大豆・小麦・塩を原料とし、それにいくらかの他材料を加味したり、配分量を変動させたりしている。

原料供給地の変遷

どのような原料にせよ、江戸時代は国内産にかぎられていたが、近代に入ると外国産原料が流入してくる。低価格の商品があり、流入ルートに大手商社が参入するという事態がみられるようになった。

特に大豆は、満洲から、肥料としての豆粕《まめかす》などとともに、大量に日本に供給された。後掲の表4にみられるように、一九四〇年代前半には醤油原料として二〇万トン近くの大豆の流入があったのである。食塩は関東州から入ってきたらしい。小麦は国内でほとんど間に合ったようだ。これらについて不明な点が多く、資料もかぎられているうえ混乱期をはさんでいるため、近代を通してのまとめは不可能に近い。そこで、かぎられた時期ではあるが、さしあたり筆者が以前紹介した野田のキノエネ醤油史料をひいてみよう（「野田・キノエネ醤油の経営」、林玲子・天野雅敏編『東と西の醤油史』吉川弘文館、一九九九年）。

野田は日本有数の醤油産地として近世後期に著名となるが、野田を本拠とする大手企業としてキッコーマン株式会社が登場したため、他はかすんでしまっている。しかし、近世に業を興し、近代に入りいくつかの企業が統合して現在のキッコーマン株式会社になっていくなかで、現在でも野田で醤油醸造をおこなっている企業にキノエネ醤油株式会社がある。

一八三〇（天保元）年に醸造をはじめた山下平兵衛《やましたへいべえ》家は一八四四（天保十五）年の史料によると醸造石高八〇〇石であり、野田の醤油業者一二人中の第九位だった。一八七一（明治四）年には現石高一八〇〇石、商 金高《あきないきんだか》二万一〇〇〇両という中堅企業として地歩を固めている。

ただし、山下家に残された史料は近代のかぎられた時期のものだけだ。一九一七（大正六）年から昭和二十年代におよぶ史料があるのは、一九三六（昭和十一）年に山下商店が合名会社になったので、その前後をあとづけるために特に残されたためかもしれない。とりわけ経営史上重要なのは、一九一七〜三五（大正六〜昭和十）年におよぶ一九年間の決算帳簿類だろう。この時期、山下平兵衛商店（以下キノエネと略称）は八〇〇〇石〜一万五〇〇〇石を仕込んでおり、売上高は一万円〜二万五〇〇〇円ほどであった。

キノエネ醤油の主要原料は大豆・小麦・塩の三種である。まず、数量・金額ともに大半を占める大豆・小麦をみてみよう。

大豆・小麦

近世から大豆・小麦は関東醤油の主要原料であるが、その購入先は大きく変化してくる。特に大豆は様変《さまがわ》りしたといってよい。この事態は明治期に大手企業ではすでにはじまっていたと思われるが、キノエネでいつから変化があったかは不明である。しかも、品銘別仕入量や金額の記述があるのではなく、在庫商品を調べた「付立帳《つけたて》」に記された品銘をさぐることしかできない。付立は昭和期まであるので、そこにあげられた大豆品銘をみると、地回り（千葉・茨城か）以外では北海（北海道か）や鉄嶺（中国東北部）・朝鮮大豆が多い。

小麦は千葉・茨城・埼玉といった関東近県の品銘が多く、外国産のものはまだ少ない。

おそらく近世以来の地からの仕入がつづいていたのだろう。もっとも、オーストラリア・アメリカ大陸や中国東北部産の小麦の在庫がみられるので、事情によっては海外からの仕入があったらしい。

表4　1940年代前半の原料大豆の輸入

（単位：トン）

年	満　洲	朝　鮮	計
1937	不　明	不　明	不　明
1938	〃	〃	〃
1939	〃	〃	〃
1940	〃	〃	〃
1941	159,086	2,048	161,134
1942	167,576	126	167,702
1943	199,688	0	199,688
1944	154,002	0	154,002
1945	推算29,797	0	29,797

（田中則雄「終戦直後に於ける醤油醸造業の状況と醤油の輸出再開の問題について」『野田市史研究』13, 2002年より）

塩

塩は数量・金額こそ大豆・小麦にくらべて少ないが、醤油生産に欠かせない重要な原料であった。そのためか、キノエネ史料では品銘別の買入数量・金額がくわしく記されていた。近世以来の内地塩が、一九一七（大正六）年・一八年ではまだ一番多いが、一八年には日本植民地であった台湾産塩が第二位となり、同時に日本と関連が深い関東州、青《チン》島《タオ》産塩が三位、四位となる。一九一九年には数量では青島塩が五五％、関東州塩が二四％、台湾塩が一三％となり、内地塩は八

ホノルル	ポートランド	シカゴ	グァム	ホンコン	O.S.S	沙市	合　計
179.94	10.00			10.00	11.55		390.3800
							5.0000
				0.0839	0.7552		1.6791
179.94	10.00			10.0839	12.3052		397.0591
338.90	14.20		58.80			16.80	906.6200
25.20			16.80				133.3160
			1.6788		1.6794		3.3582
364.10	14.20		77.2788		1.6794	16.80	1,043.2942
355.20	10.00	21.00			8.40		1,310.1900
	15.00						61.8000
			8.40				16.7967
355.20	25.00	21.00	8.40		8.40		1,388.7867
899.24	49.20	21.00	85.6788	10.0839	22.3846	16.80	2,829.1400

て」『野田市史研究』13，2002年より）

表５　輸出醤油仕向地別出荷実績（単位：石）

		ニューヨーク	サンフランシスコ	ワシントン	シアトル	サクラメント	バンクーバー
一九五〇年七月分	野　田		44.20	64.95	47.64	12.10	10.00
	ヤマサ						5.00
	ヒゲタ		0.84				
	丸　金						
	計		45.04	64.95	47.64	12.10	15.00
一九五〇年八月分	野　田		178.930	196.45	40.54	18.40	43.60
	ヤマサ		20.916	16.80	26.80		26.80
	ヒゲタ						
	丸　金						
	計		199.846	213.25	67.34	18.40	70.40
一九五〇年九月分	野　田		559.475	283.685	34.28		38.15
	ヤマサ			20.00			26.80
	ヒゲタ	8.3967					
	丸　金						
	計	8.3967	559.475	303.685	34.28		64.95
合　計		8.3967	804.361	581.885	149.26	30.50	150.35

（田中則雄「終戦直後に於ける醤油醸造業の状況と醤油の輸出再開の問題につい

%弱にとどまってしまう。その後内地塩は激減し、一九三三（昭和八）年の一〇〇〇斤《きん》、〇・一%を最後に消えてしまった。

そのほか、外来塩としてはドイツ・チュニス・安南《アンナン》（ベトナム）・スペイン・エジプトなど、世界各地から一〜三年の短期ではあるが仕入されている。金額がわかるので、これら各地の塩が導入された理由を経済的側面からさぐることができないだろうか。ヤマサ史料を通じていろいろな調査を同社でおこなっているのがわかるので、成分面も含めて今後各地の塩の比較研究が必要だと思う。

なお、田中則雄氏の『野田市史研究』第一三号収録論文「終戦直後に於ける醤油醸造業の状況と醤油の輸出再開の問題について」によれば、一九三七〜四五年の醤油原料大豆・小麦・食塩の輸入量は急激に減少し、指数で一九三七年を一〇〇とすると、一九四五年には大豆は一七、小麦は二八、食塩は三九となっている。この数字は戦後の一九四五年十二月にGHQ（連合国軍総司令部）へ提出されたらしい日本側の報告書（ヤマサ史料）によるものだが、結論として大豆・小麦・塩の輸入がなければ国民が必要とする醤油の量は確保できないと訴えていた。興味深いのは、いま「丸大豆造り」という言葉が醤油メーカーで使われているが、戦後のこの報告書のなかで原料の変遷についての説明に登場してくることだ。醤油の三大原料大豆・小麦・食塩は、中国東北地方の大豆、小麦は戦前カナダ産輸入があったが大部分内地産、その当時はすべて国内産であり、食塩は専売公社から供給されていた。大豆はかつては「丸大豆」だったが、穀物が不足だったから脱脂大豆となり、小麦は醤麦が使用されていた。それを元通り丸大豆、丸小麦に戻したいというのだ。なお、容器については輸出用も樽につめられたらしく、一斗の樽は中味の醤油が七〇〇円前後なのに樽代は二五三円という高額だったらしい。戦時中・戦後の状況下、戦前からのコンプラ瓶は姿を消したようだ。

大手醸造業者は復興に向けて努力を重ね、一九五〇年代には戦前の生産状況にもどる。味や白かび（ビンの中でカビが発生し、上に白く浮んでいたのを思い出す）を防ぐことを含め、質もだんだん戦前水準に達した。海外にも需要の増加がみられ、輸出が再開されるようになり、キッコーマンはじめ大手企業が動き出した（表5参照）。

（林　玲子）

海外での生産と消費

(1) 戦争と醤油

アジア大陸での醤油生産

アジア大陸での日本醤油生産は、奉天《ほうてん》における領事報告によると最初は日露戦争時にはじまったらしい。日本軍隊の醤油需要に応ずるため、満洲奉天に軍直営の醸造所が設営されたという。戦後その経営していた器具等はすべて民間に払い下げとなった。一九〇九（明治四十二）年、まず奉天で伊予組という日本人業者が三〇〇石を醸造、その後他業者により一九〇九年に撫順で一〇二石、一九一二（大正元）年に本渓湖《ほんけいこ》で九六石の日本醤油が造られたらしい。また一九一四年の遼《りょう》陽《よう》領事からは、同地における日本人の醤油工場は二軒、年間一二五〇石を醸造しているとの報告がなされている。日本からの輸入は二〇八石だったというから、現地生産の醤油のほうがはるかに多い。そうした状況はその後いっそう進展し、一九二四年には日本人業者の醸造高は約四五〇〇石にまで伸びている。

その他の満洲各地にも醤油生産の波は拡がった。一九二六（昭和元）年にかけての南満洲鉄道沿線各地や、奉天・営口・遼陽・大連《だいれん》・旅順《りょじゅん》・長春などでの生産状況を満鉄資料から知ることができる。ただこれらは中小経営業者の工場だったから、生産量が少なく長続きしなかったようだ。いずれにせよ、史料ではその名がみられなくなる。

一方、日本のアジア大陸侵略政策がはげしくなった一九三〇～四〇年代は、日本醤油大手醸造業界の大陸進出の動きがみられた時期だ。一九三一年に日本軍部は満洲事変をおこし、三二年には「満洲国」をつくり上げ、首都を新京《しんきょう》とした。三七年に日中戦争、三九年にノモンハン事件と大陸一帯に戦線を拡大したが、「日本の生命線」とみなされたのは、東北部の「満洲」であり、醤油業界もその動きにまきこまれていく。満洲では日本軍部、その出先機関関東軍がすべてを支配下におき、日本からは貧窮に悩む大勢の移民や、「王《おう》道楽土《どうらくど》」を夢見る各層の人びとがなだれこんだ。現在でもその後遺症が残る悪夢の時代が幕を明け、醬油醸造業も軍政下で対応を迫られた。

ヤマサの満洲会社

銚子のヤマサ、野田のキッコーマン、小豆島《しょうどしま》の丸金《マルキン》などが大陸に進出し、日本の醬油会社は現地生産にふみ切るが、その動きを探ろうとしても社史によるか、聞取りしかできない。そうしたなかで、田中則雄氏のキッコーマン研究や、銚子ヤマサ醬油株式会社の公開史料は、大陸の事情を研究したいと思っている私たちにとって貴重なものだ。後者について、中国からの留学生だった張秀娟氏によるヤマサの満洲会社の研究があり、修士論文が一九八九年に流通経済大学に提出されている。さらに最近醬油醸造業史研究会で、落合功《こう》氏が張氏と同じ史料にもとづいて発表している。両者とも筆者は密接に関係しているので、以下簡単にヤマサの満洲での動きをのべてみよう。

ヤマサはまず味噌・醬油を満洲に輸出するため、一九四〇年に満洲ヤマサ株式会社を設立した。資本金は当初一〇万円である。後に一〇〇万円に増資した。ところが日本での醬油生産はだんだん難しくなってきた。一九三八年には国家総動員法が発令され、すべての生活必需品が統制下におかれはじめたから、原料の穀類を自由に購入できないし、醸造もままならなくなった。

原料の大豆・小麦が豊富に収穫でき、関東州から塩を入手できる満洲での現地生産にふみきろうということになり、ヤマサも生産工場設立を願い出、一九四二年に味噌・醤油工場を持つことが許可された。社長・株主・資本金は輸入会社時代から本社がになっていたが、工場設立・営業のためには満洲に技術者を送りこみ、機械・器具をすえつけ、原料を購入し、生産品を売りさばかねばならない。

そのため、本社から工場長たちや営業部幹部が移住したし、工場の設備や器具類は日本内地から送られた。

一九四四年に出荷開始をみた満洲ヤマサ株式会社は新京に民豊街の製造本工場と住吉町工場の二つをもった。原料はすべて大陸産であり、販売先も地元だったらしい。住吉町工場は四二年秋に生産開始、翌年秋には本工場も動きはじめた。住吉町工場労働者は一四人、うち二人が日本人で管理にあたり、一二人の働き手は満洲人たちだった。なかには満洲の醤油会社や鉄工所に勤めていた者が雇われた場合があるし、経歴もいろいろだ。炊事担当の女性一人も含まれている。

品質が良いとヤマサ醤油は好評だったが、満洲系の醤油とは製法が異なり、値段も高価だったから一般の満洲人には受入れられない。購入先は日本人が大部分で、少数の満洲貴族やホテルでの需要にとどまった。営業状況は報告書が一九四〇（昭和十五）～四四年まで残っているので、その分析によると工場経営はだんだん苦境におちいっていく。特に原料の高騰と、売値の軍部統制は会社の努力ではどうにもならない。日本ヤマサからの営業資金供給は望めないため、興業銀行の支店や住吉町工場家主からの借入金で原料買いつけは何とかなっても、売り先や販売値段は統制下におかれては赤字にならざるをえなかった。軍隊買入れ値段は非常に低く押さえられたのだ。販売品の四〇％分が軍納入、六〇％が市販とされていた。

大陸での戦況は日々に悪化し、末期になると関東軍が補充要員を召集したため、日本人幹部の何人かは動員された。残った日本人幹部は三人しかいなかったという。しかし工場は現地の人びとの力で動きつづけた。満洲の地は日本敗戦、ソ連軍との接触という荒波の下に、日本人社会が大変動におちいったことは知っている人も多いだろう。ヤマサの醬油工場はどうなったのだろうか。

張氏の報告によると、満洲ヤマサは大きな赤字を残して失敗したが、その原因は会社側にあるのではなく、植民地における戦時統制経済にあったという。会社の構成員たちは全力をあげて努力し、その成果は現地の人びとに認められたらしい。敗戦後、日本人たちはこの地を去ったが、日本式醤油醸造はその後もつづけられたようだ。

なお、キッコーマンは一九三五年に奉天で一〇〇万円の資本金で製造会社を設立、小豆島の丸金が一九四〇年に満洲遼陽市に資本金二〇〇万円の満洲醤油株式会社を設立、一九四二年に馬山《ばさん》に朝鮮丸金醤油株式会社を一〇〇万円の資本金で設立している。後者はその後蒙古食品株式会社という名で営業がつづけられ、一九九一年には丸金に連絡があり、私たちが丸金に伺ったとき、韓国からの来訪があったという話をきいた。中国・朝鮮半島での、十九世紀を通して日本醤油がどのような動きをみせたかという研究課題が今後に残されているといえよう。

なお、アジア大陸だけでなく、東南アジア、アメリカ大陸にも日本醤油生産工場設立の動きはあったようだ。田中氏の論文によると、一九〇七（明治四十）年に北米コロラド州デンバーに進出した日本人がいたという。昭和期には野田の茂木啓三郎《もぎけいざぶろう》がシンガポール、クアラルンプール、メダン、シボルガなど東南アジア地域に醤油工場を設立したらしい。

戦後のアメリカ大陸への進出については、現在進行中の状況なので別の機会に譲りたい。

(2)　輸出の状況

明治・大正期の輸出

日本からの醤油輸出は、世界各地での消費者のあり方、現地での醤油醸造工場の存在、醤油扱い業者の動きなどの諸要因に加え、戦争や日本軍部による統制、大戦後のGHQ支配といった外部要因で大きく変動する。かぎられた紙数でまとめることはできないので、明治・大正期、昭和前期にしぼりたいと思う。

明治期の日本醤油輸出はアジア大陸向けが中心だった。味の良さや日本人の大陸への移住がふえたことで、近世とは異なり一時期輸出高が伸びていく。特に日露戦後の大陸からの報告では、満洲各地で相当の輸入高があったし、ウラジオストクからも日本人定住者は二三〇〇人、清国人は七万人、韓国人は七〇〇〇人いるなかで、日本醤油輸入高は二四四三石だったという（一九〇八〈明治四十一〉年）。そして、輸入醤油の七割以上は清国人・韓国人によって消費されたらしい。また、大連に陸揚げされた分は営口経由で遼陽に運ばれたが、出荷地は神戸・横浜だったようだ。日本のどこの産の醤油だったかはわからないが、報告書にみられる銘柄はキッコーマン・ヤマサ・木白《きはく》（野田）など野田・銚子産が大正期にかけて多かった。ただし、小豆島・九州産の醤油も場合によれば登場してくるので、関東醤油一色だったわけではない。

たとえば一九一四（大正三）年には醤油扱い商人が長崎から大陸に進出したため、九州産醤油の輸入高が多いという報告がみられる。なお、工場の現地設立の増加により、輸入が減少した時期や、朝鮮からの輸入増加をみた一九二五年ごろの状況からみて、日本内地からの輸出はゆれ動いていたようだ。

中国大陸以外の地ではどうだったであろうか。近世に輸出が多かった東南アジアへの日本人移住は明治期にはまだ少ない。一九一〇年報告ではシンガポール在住日本人は少数であり、醤油輸入高も微々たるものだった。バンコック住民はマレー人・シャム人・中国人たちが多く日本人は少数であり、キッコーマン・木白・ヤマサ印や雲井（小豆島）の輸入がみられたという。

大正期にかけて輸出の動きは現地醸造とからんで変化していったようだ。総体的にいって、明治・大正期の輸出は中国・関東州・ハワイ・北米に向けてなされたが、大部分は移住日本人を販売対象としたから、近世のように現地人を対象にした動きだったとはいえない。

表6に示した一九一三年の統計によれば、米国が輸出先第一位であり、ハワイが二位を

表6　醤油輸出高（1913年）

輸出先	数量
北米合衆国	11,200石
ハワイ	7,300石
関東州	4,450石
ロシア領アジア	3,600石
中国	2,400石
カナダ	1,400石
オーストラリア	300石
オランダ	250石
ドイツ	100石
その他を含め合計	約32,000石

外務省外交史料館所蔵文書による。（田中則雄『醤油から世界を見る』より）

占め、中国大陸の関東州向けが三位となっている。この統計の正確度は同時期の報告書類とくらべて疑わしいのだが、ヨーロッパ輸出は問題にならない少量であったことがわかろう。

第二次世界大戦前後の輸出

第二次世界大戦前、日本醤油の輸出状況は大正期と大きく様変りした。対米関係の悪化、アジア一帯での侵略政策、植民地化の進展などの外部要因や、内地での原料調達の困難性、醸造企業への締めつけなど諸種の要因が考えられるが、ここでは輸出向けの変動だけを追うことにしよう。

一九三九（昭和十四）年の統計によると、醤油輸出先のトン数第一位は植民地樺太《カラフト》への八六〇〇トン余りであり、第二位は植民地台湾である。つづいて中国・満洲とアジア大陸向けが多く、米国二三七五トン、ハワイ二〇〇〇トン弱はとてもこの両グループに及ばない。大正期の状況は大きく変ったのである。ヨーロッパではオランダの六三トンだけだ。東南アジアでは、オランダ領東インド、イギリス植民地に並んでフィリピン、ボルネオや日本の委任統治区域などに少量ずつ輸出されていた。

前掲のGHQあて報告書のなかにある一九五〇年七～九月の醤油大手四社輸出高（表5）によると、USAの大都市や諸地域が仕向け地の大部分で、戦前のようなアジア大陸とのつながりはほとんどみられなくなっている。消費者も日本人は少なかったであろう。

(3)　醤油と文化財

醤油の関連物資

世界とのつながりは醤油そのものとだけではなく、醤油に関連した物品でもみられたのである。富岡の製糸工場の建築に煉瓦《れんが》が導入されたことや、東京銀座の煉瓦街は有名だが、醤油醸造業でも同じような話があった。私たちは銚子の田中玄蕃家《たなかげんばけ》（近代にヒゲタ印の会社となる、現在のヒゲタ醤油株式会社とのつながりはない）やヤマサの史料調査に数十年間おもむいたが、「玄蕃日記」といわれた近世後期から近代にかけての田中家の厖大《ぼうだい》な日記群の記述の中で、「鳩崎《はとざき》」の名にぶつかる。これは現在の茨城県江戸崎町鳩崎で近世から醤油醸造業を営んでいた関口家を指したものである（「関東地方の醤油醸造」の章の「江戸崎の醤油醸造業」を参照）。関口家は銚子の田中家（ヒゲタ）と近世から親密な関係にあった。筆者たちは関口家調査のため、何年も江戸崎町を訪れたが、そのさい分家関口家の長屋門《ながやもん》・土蔵《どぞう》に煉瓦が使われていたのに気がついたのである。

史料調査に同行した田中玄蕃家の後裔《こうえい》和子さんは、同年輩の関口正江さんと一緒に近世・近代史料を整理・調査されておられ、お二人は長屋門（近世の名主《なぬし》クラスの家で設けられ、入口扉両側に大きな塀がつけられている）の前で写真をとられた。

田中和子氏の話では、明治期に関口家がドイツから技術者を呼びよせ、煉瓦を鳩崎で作りはじめ、その技術が親しい銚子の田中家にも伝わった、田中家では自家の醤油醸造施設に煉瓦を使うようになったし、関口家の煉瓦造りは東京銀座街にも導入されたと関口正江さんが話されたとのことである。『女郵便局長三十年』という本の主人公である正江さんは、古文書調査グループの一員としてオランダその他ヨーロッパ旅行に参加された積極的な女性だったが、二〇〇〇年に亡くなられたため、直接お話する機会がなくなったのは残念だ。

近代にみられる国際的な横のつながりの一例として、醤油に関連した西欧文化伝来の証拠ともいえる煉瓦造りが、茨城の地に根づいたことを地元の遺跡として残してほしい。東京が近代建築その他を失っているので、周辺地方がかえって文化保存で後世に名を残すことができるのではないかという思いが切である。

田中則雄氏の業績

本章の記述は大部分田中則雄氏の業績によっている。一九一九（大正八）年生まれの氏は一九四一年に台湾の台北《たいほく》帝国大学に入学され、岩生成一《いわおせいいち》氏の指導を受け、オランダ語・スペイン語・フランス語を学び、世界史的視野をもたれた。軍に召集され、敗戦後野田に移住、女学校・都立高校、ジャカルタ（インドネシア）国立外国語大学で教職につかれた後、野田に定住され、野田市史編さん委員として醤油研究その他で活躍されている。

私たち醤油醸造業史研究会員は、お仲間として何年も銚子のヤマサ史料整理・調査旅行に同行した。旅館での深更までの調査・研究に氏はずっと同席され、歳下の私たちを励ましてくださるのが常だった。

本章は氏の著書『醤油から世界を見る』（崙書房、一九九九年）と、『野田市史』所収の諸論文によっている。沢山の資料により執筆されており、今後の研究の礎《いしずえ》ともいえる業績だ。

ただ、同氏の『醤油から世界を見る』は小部数しか出版されなかったし、ほとんど自費出版に近い形である。先行論文の多くは同書に収められたが、直接それらに接した方もかぎられた人数だろう。私のまとめ方がつたなく、氏の業績の全貌を紹介できないのが残念でならない。

（林　玲子）

関西地方の醤油醸造

関西の三つの産地

関西と関東の醤油醸造

内務省勧業寮《ないむしょうかんぎょうりょう》によって編纂された『明治七年府県物産表』は、明治初年の物産の状態をみるうえで貴重な資料であるが、それによると、全国の醤油生産量は九五万六七三石を数えており、その約半数を関東、近畿の両地域がしめていた。関東地方の醤油生産量は二七万八四九四石であり、近畿地方のそれは一八万二八八四石であった。十八世紀後半以降の江戸地廻り経済の発展、醤油醸造業に即していえば、銚子《ちょうし》、野田の二大産地の成長によって、関東地方はこの時期の全国醤油生産量の約三割をしめており、近畿地方は約二割をしめていた。

関西の醤油醸造

しかし、江戸時代の中期の享保改革期の調査によると、一七二六（享保十一）年の醤油の江戸への入荷量は一三万二八二九樽を数えており、そのうち大坂からの入荷量は一〇万一四五七樽となっていた。この時期の江戸への醤油の入荷量の七六％余が関西産の下《くだ》り醤油からなっていたのである。のちに関東の醤油特産地となる銚子や野田の江戸への出荷量はまだわずかなものであり、江戸では関西産の下り醤油が多く使用されていた。そこで、ここでは、関西地方の醤油醸造業の動向を追究することにしよう。関西地方には、古くから発展した醤油産地もあれば、十九世紀以降成長した醤油産地もある。そうした多様な醤油醸造業の発展過程をふまえて、紀伊湯浅《きいゆあさ》、播磨龍野《はりまたつの》、讃岐《さぬき》小豆島《しょうどしま》の三つの醤油産地の動向について概観する。小豆島は、後述するように、湯浅や龍野と比較すると後発の産地であった。

（天野　雅敏）

湯浅の醤油醸造業

関西の古い醤油産地で、関東の醤油醸造業にも重要な影響をあたえたとされる紀伊湯浅《きいゆあさ》醤油業についてみることにしよう。

湯浅醤油の起源

湯浅は、和歌山市の南、五〇キロメートル《キロメートル》ほどのところにある古くから開発された地で、高野山《こうやさん》と所領争いを演じた中世武士団湯浅党の本拠地でもあった。『紀伊国名所図会《きいのくにめいしょずえ》』『紀伊続風土記《きいぞくふどき》』によれば、湯浅は熊野路の咽喉《いんこう》にあたり、旅舎《りょしゃ》が軒をつらねて遠近の商船が出入りし、天正年間（一五七三～九二）でも民家が一二〇〇戸ほどあったという。そして、海浜に石垣を築き、入江の松原を開いて商賈《しょうこ》市街をなすようになり、元和・寛永年間（一六一五～四四）には一〇〇〇戸におよんでおり、近世初頭には町場を形成していたのである。

湯浅醤油は、由良興国寺《ゆらこうこくじ》の開山覚心《かいざんかくしん》（法燈国師《ほうとうこくし》）が一二二八（安貞二）年中国から径山《きんざん》寺味噌《じみそ》を伝えたことにはじまると伝承されており、その溜《たまり》に目をつけ、種々工夫の末に醤油が製造されるにいたったという。そして、正応年間（一二八八～九三）には、岩佐某《いわさなにがし》により近隣に販売されていた。また一五三五（天文四）年には赤桐右馬太郎《あかぎりうまたろう》が百余石の醸造をし、大坂雑魚場《ざこば》小松屋伊兵衛《こまつやいへえ》方に送り、販売を委託したのが他国移出の嚆矢《こうし》とされており、永禄年間（一五五八～七〇）には角屋右馬太郎《かどやうまたろう》、油屋伝七もさかんに製造し積み出していたといわれるが、それらを史料によって実証することは困難である。

湯浅醤油の起源を考えるうえで、十九世紀前期に御仕入湯浅醤油屋の年行司《ねんぎょうじ》をつとめ、明治初期に醤油造元中《つくりもとちゅう》の添行司《そえぎょうじ》をしていた久保家の歴史を綴った『𠆢せ印醤油《やませじるししょうゆ》沿革《えんかく》誌《し》』が参考になるので、それをつぎにみることにしよう。それによると、初代久保藤右衛門《くぼとうえもん》は湯浅道町で呉服太物商《ごふくふとものあきない》をもって本業としていたが、二代瀬七《せしち》のころ、本業のかたわら一七〇六（宝永三）年に醤油醸造業をはじめ、一七〇八（宝永五）年九月摂津国難波《せっつのくになにわ》にはじめて製品を輸送し、それ以来「陸続《りくぞく》同地に輸出」したとされている。一七一一（正徳元）年には原料の選択に留意し、大豆は美作《みまさか》産の精選されたものを、小麦は相模《さがみ》産の良質なものをおのおの使用し、塩は赤穂《あこう》産を用いることにしたので、享保年間（一七一六～三六）以降同家の造石高《ぞうこくだか》は増加した。三代瀬七のころ、一七五九（宝暦九）年の第二醸造場の建設により造石高のいっそうの増加をみ、販路も一七六二（宝暦十二）年和泉国に、一七六四（明和元）年には河内国《かわちのくに》に拡がっていたという。久保家が醤油醸造業を開業した時期は、ヤマサの初代浜口儀兵衛《はまぐちぎへえ》が湯浅に隣接する広村《ひろ》（現、広川町）から銚子に下り、味噌・醤油の仕込みをはじめたとされる元禄年間（一六八八～一七〇四）に近いので、そのころには湯浅醤油業は明らかに発展していたといえよう。

『〼印醤油沿革誌』には、近世の湯浅醤油が濃口《こいくち》醤油であったことを示唆する叙述があることも留意すべきである。『〼印醤油沿革誌』によると、湯浅で淡《うす》（薄）口《くち》醤油が製造されはじめたのは明治以降とされており、一八七八（明治十一）年に「はじめて薄口醤油を大阪に輸送シ、大いに世人《せじん》の称賛を得」、「爾来《じらい》同地に輸出するもの日に多きを加ふ、之《こ》れを当県薄口醤油輸出の嚆矢とす」とある。関西の料理は現在淡口醤油をベースとしていることはよく知られているが、近世の湯浅醤油は、関西にありながら濃口醤油であったことが示唆されており、湯浅醤油業はむしろ関東の醤油醸造業と親和性をもっていたのである。湯浅が関東の銚子醤油業の成長に影響を及ぼしたとする伝承もうなずける。こうしたことをふまえると、湯浅醤油の起源は、その時期を特定するのは困難としても、かなり古いものとみてよいであろう。

湯浅醤油業の停滞

湯浅醤油業のその後の動向は必ずしもはっきりしていないが、『〈せ印醤油沿革誌』によると、久保家の醤油業は、享和年間（一八〇一～〇四）以降「免《まぬが》る可《べ》からざる事変」の多発により製造高が減少していたようである。一八一五（文化十二）年の湯浅・広・栖原《すはら》村の醤油醸造業者は行司をふくめ四六人を数えていたが、天保年間（一八三〇～四四）の凶作をはじめ大坂を中心とする社会経済的混乱によって、その数は減少し、一説には二八人ともまた一八人ともいわれるほどになっていたというから、『沿革誌』の記述にはうなずけるものがある。同家はその後一八三八（天保九）年呉服太物《ごふくふともの》の取り扱いをやめて醤油醸造業に専念し、弘化年間（一八四四～四八）以降しだいに回復の方向に向かい、明治前期には規模の拡大も図られるが、中期以降になるとふたたび停滞的となっていた。

つぎに湯浅の代表的な醤油醸造業者角屋右馬太郎家から一八四一（天保十二）年分家し、角屋長兵衛《かどやちょうべえ》家を立てて醤油醸造業をはじめた加納家の動向を、図4の醤油仕込石数の推移からみることにする。幕末期における加納家の醤油仕込高には変動があるが、基調としては増加傾向を示していた。しかし、明治にはいるとこのような仕込石数の動向は変化し、

図４　加納家の醤油仕込石数の推移（縦軸，対数目盛）

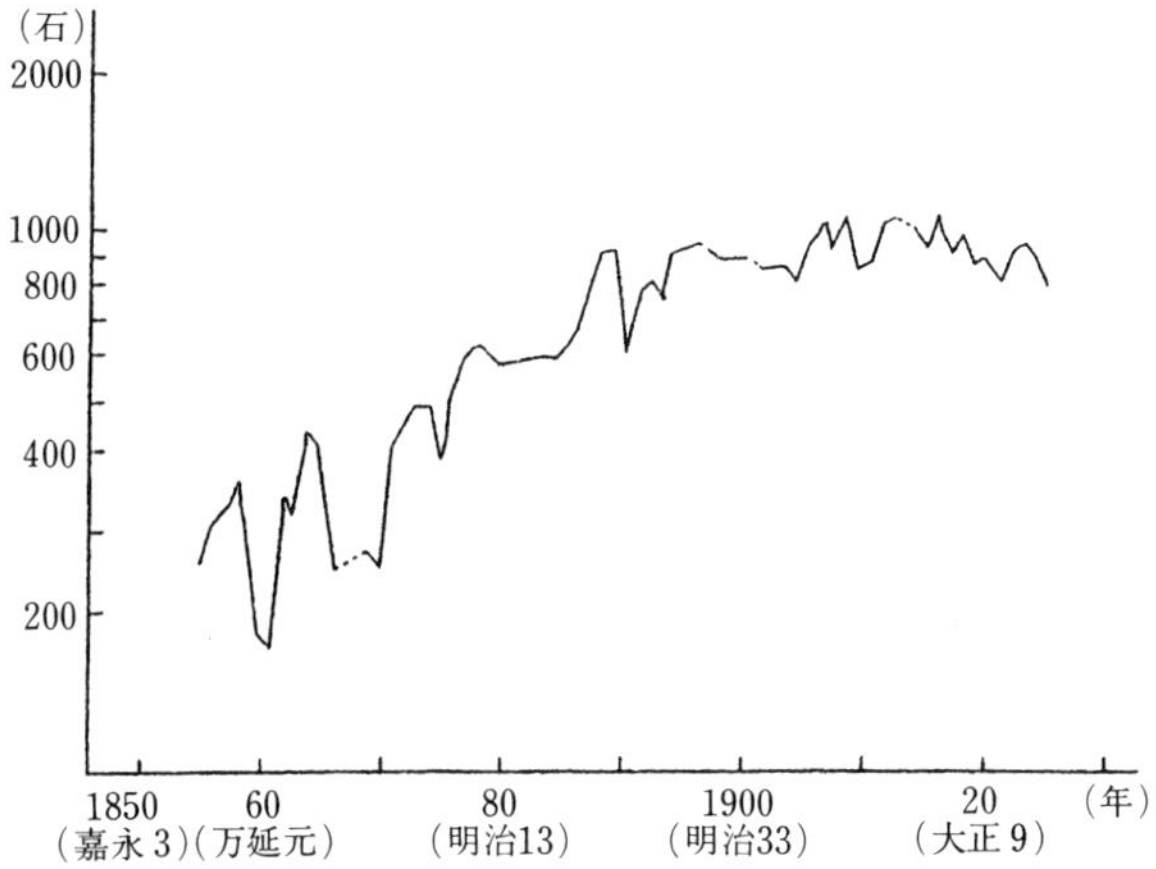

「仕込石数扣　外査定諸味米豆麦直段諸事扣」1908（明治41）年によって作成。

停滞的様相を強めていた。幕末期から明治前期にかけて成長し、湯浅の主要な醤油醸造業者となっていた加納家の醤油仕込石数のこのような推移からみても、明治中期以降の湯浅醤油業は停滞的であったといえよう。

このような動向を市場の側面から見てみることにしよう。明治中期以降の加納家の販売市場の動向を整理したものが表７である。これによると、明治前期の加納家の販売市場はおそらく九割以上が大阪市場を対象とするものであり、和歌山市場の占めるシェアは数パーセントを超えるものではなかったと思われる。幕末・明治前期の同家の販売市場は、大阪市場を中心としていた。

表7　明治期における加納家の販売市場

	実	数（石）			構	成	比（%）	
	大阪	和歌山	米国	計	大阪	和歌山	米国	計
1890(明治23)	1,537	84		1,621	94.8	5.2		100.0
1892(〃 25)	1,176	176		1,352	87.0	13.0		100.0
1894(〃 27)	1,249	584		1,833	68.1	31.9		100.0
1896(〃 29)	1,192	683		1,875	63.6	36.4		100.0
1898(〃 31)	1,259	660		1,919	65.6	34.4		100.0
1900(〃 33)	1,101	695		1,796	61.3	38.7		100.0
1902(〃 35)	794	816		1,610	49.3	50.7		100.0
1904(〃 37)	1,270	484		1,754	72.4	27.6		100.0
1906(〃 39)	1,464	440	24	1,928	75.9	22.8	1.3	100.0
1908(〃 41)	1,064	503	44	1,611	66.1	31.2	2.7	100.0
1910(〃 43)	1,025	674	48	1,747	58.7	38.6	2.7	100.0

「醤油印譯表」1890(明治23)年によって作成。

原史料は，樽表示によって記載されているが，ここでは，『大坂商業習慣録』（黒羽兵治郎編『大阪商業史料集成　第一輯』覆刻版，清文堂出版，1984年）121頁の「紀州産のみは，今に至る迄大小の二樽を兼用す」,「大樽は謂ふ所四斗樽と称するものにして，其容量を大凡三斗四五升とす」,「又小樽と称するものは，大凡大樽四分一のものにして容量を八升とす」という記述にもとづいて，大樽1挺＝3斗4升，小樽1挺＝8升で石表示に換算して示した。

1900(明治33)	1905(明治38)	1910(明治43)	1915(大正4)	1920(大正9)
4978(3)	4038(3)	2668(2)	1543(1)	1216(1)
880(1)	1695(2)	1617(2)	977(1)	0(0)
602(1)	660(1)	1367(2)	2761(4)	1950(3)
1552(3)	1116(2)	1998(2)	2390(5)	3370(7)
833(3)	1190(4)	1397(4)	1315(4)	837(3)
2698(35)	2546(43)	2391(41)	1624(28)	2133(33)
11543(46)	11245(55)	11438(55)	10610(43)	9506(47)
43.1(6.5)	35.9(5.5)	23.3(3.6)	14.6(2.3)	12.8(2.1)
7.6(2.2)	15.1(3.6)	14.1(3.6)	9.2(2.3)	0(0)
5.2(2.2)	5.9(1.8)	12.0(3.6)	26.0(9.3)	20.5(6.4)
13.5(6.5)	9.9(3.6)	17.5(7.3)	22.5(11.7)	35.5(14.9)
7.2(6.5)	10.6(7.3)	12.2(7.3)	12.4(9.3)	8.8(6.4)
23.4(76.1)	22.6(78.2)	20.9(74.6)	15.3(65.1)	22.4(70.2)
100.0(100.0)	100.0(100.0)	100.0(100.0)	100.0(100.0)	100.0(100.0)

～435頁，及び「同業組合査定石数高控簿　明治弐十四年度以降」によって作成。
1895(明治28)年の醤油諸味査定石数と元石の平均比率を算定し，その数値(1.51)を利
石数推計値ないし諸味査定石数とその製造戸数であり，構成比の単位は%である。

表8　湯浅醤油業の生産高別階層分析

		1871(明治4)	1891(明治24)	1895(明治28)
実数	石以上　石未満			
	10000-			
	5000-10000			
	4000- 5000			
	3000- 4000			
	2000- 3000			
	1000- 2000	2472(2)	5331(4)	5773(4)
	800- 1000	0(0)	835(1)	0(0)
	600- 800	1406(2)	633(1)	1328(2)
	400- 600	1158(2)	1357(3)	929(2)
	200- 400	2562(8)	351(1)	1028(4)
	1- 200	358(3)	1800(20)	761(11)
	計	7956(17)	10307(30)	9819(23)
構成比	石以上　石未満			
	10000-			
	5000-10000			
	4000- 5000			
	3000- 4000			
	2000- 3000			
	1000- 2000	31.1(11.8)	51.7(13.4)	58.8(17.4)
	800- 1000	0(0)	8.1(3.3)	0(0)
	600- 800	17.7(11.8)	6.1(3.3)	13.5(8.7)
	400- 600	14.5(11.8)	13.2(10.0)	9.5(8.7)
	200- 400	32.2(47.0)	3.4(3.3)	10.5(17.4)
	1- 200	4.5(17.6)	17.5(66.7)	7.7(47.8)
	計	100.0(100.0)	100.0(100.0)	100.0(100.0)

和歌山県史編さん委員会編『和歌山県史　近世史料三』和歌山県，1981年，434
1871(明治4)年の原史料の記載は，醤油元石でなされているので，ここでは
用して元石値から諸味石数を推計して使用した。したがって，実数は，諸味
なお(　)の数値が製造戸数に関するものである。

しかし、同家のこのような市場構成は、明治時代の進行につれて変化した。加納家の販売市場は、明治二十年代には大阪市場の比重が低下し、地元の和歌山市場の比重が増大していたのである。一九〇二（明治三十五）年には地元和歌山への出荷が五割を超えていたのである。

『大坂商業習慣録』によると、十八世紀後半以降、備前児島《びぜんこじま》、播磨龍野《はりまたつの》、紀伊湯浅《きいゆあさ》、讃《さ》岐小豆島《ぬきしょうどしま》の四つの醤油産地の大坂市場への進出が顕著となり、地造醤油を圧倒するにいたったとしているが、そうした過程は、同時に産地間の競争を生むものであったと思われる。湯浅醤油は、こうした産地間競争により大阪市場から後退せざるをえなくなり、主要販路を他地域に求めることになったのである。

最後に明治以降の湯浅醤油業の動向を、表8の醤油醸造業者の生産高別階層構成の推移からみることにする。幕末期の状況も反映するとみられる一八七一（明治四）年の湯浅には、一七人の醤油醸造業者がおり、諸味石数《もろみこくすう》で約八〇〇〇石の生産があったが、造石高《ぞうこくだか》からいうと一〇〇〜二〇〇石層と二〇〇〜四〇〇石層が中心であり、醸造家の約半数が二〇〇〜四〇〇石層に分布していた。この時期の湯浅の醤油醸造業者の大半は二〇〇石以上層に分布しており、二〇〇石未満の零細層は案外少ないのであり、こうしたところに近世の在町に展開した湯浅醤油業の性格が表れている。湯浅醤油のこのような階層構成は、後述する小豆島とは異なるところであり、近世の在町に展開したいわゆる都市工業としての湯浅醤油業の性格を反映するものとなっている。その後、明治前期には零細醸造業者が簇出するとともに、一〇〇〇～二〇〇〇石層の進出がすすみ、造石高の半分以上を占めた。明治二十年代後半になると、零細層の分解が顕著となり、一〇〇〇～二〇〇〇石層の比重がやや増大するが、その層にも停滞的様相は強くなっていた。そして、三十年代に入ると一〇〇〇～二〇〇〇石層の比重が低下し、二〇〇石未満の零細層の比重や六〇〇～八〇〇石層、四〇〇～六〇〇石層の比重が増大していたのである。

明治期の湯浅醤油業の動向をみると、造石高の伸びが弱く、醤油醸造業者の規模の拡大も限られたものでしかなかったから、湯浅は、産地間競争の展開過程のなかで劣勢においこまれた産地と考えられる。湯浅醤油の産地構造の変革は第一次大戦期にいたってもみとめることができなかったのであり、産地の近代化は進んでいなかった。一例をあげると、湯浅で会社形態をとった醤油醸造企業が出現するのは、第一次大戦期以降の一九二二（大正十一）年のことであり、それは湯浅醤油株式会社の設立であったことを指摘しておきたい。

（天野　雅敏）

龍野の醤油醸造業

近世龍野醤油の成立

龍野《たつの》は、姫路から一五キロほど西、播磨《はりま》平野西部に位置しており、播磨灘《はりまなだ》に面した海岸線から一〇キロほど内陸部にはいった城下町で、町の東側を揖保《いぼ》川《がわ》が流れている。龍野周辺の地味の肥えた土地からは品質の良い播州小麦が多量に産出され、隣接する佐用《さよう》、宍粟《しそう》両郡からは三日月大豆と称される良質の大豆がとれ、南西二〇キロのところに有名な製塩地赤穂《あこう》をひかえていたから、醤油生産にとっては絶好の立地条件にあった。また揖保川の水質は、醸造用水という点からすると、鉄分の含有量が少なく、淡口《うすくち》醤油の生産にきわめて適合的であった。「龍野醤油ノ醸方《かもしかた》ハ他国産出ノ醤油ニ異リテ世上《せじょう》ニ称賛ヲ得タルハ、其《その》色稀薄透明ニシテ、一種ノ佳香《かこう》タルガ故《ゆえ》ナリ」

と一八九〇（明治二十三）年の龍野醤油醸造業組合の沿革取調書にあるように、これが龍野醤油の重要な特徴であった。さらに、揖保川は、原料・製品の輸送という点からすれば格好の交通路であり、その下流二〇キロメートルのところにあった網干《あぼし》港からの船便により大消費地の京阪地方と直結するという好条件に恵まれていたのである。龍野醤油史については、長谷川彰『近世特産物流通史論—龍野醤油と幕藩制市場—』（柏書房、一九九三年）をはじめとする諸研究があるので、以下では、それらにもとづいて述べることにしよう。

　龍野醤油は、天正年間（一五七三〜九二）に横山家と円尾《まるお》家によって酒造と兼業のかたちをとって生産がはじめられ、寛文年間（一六六一〜七三）には円尾家によって淡口醤油が開発されたといわれている。また脇坂安政《わきさかやすまさ》が一六七二（寛文十二）年信州飯田《いいだ》から龍野に移封《いほう》され、以降醤油醸造業の保護育成につとめ、地域産業として隆盛をきわめたとされるが、それらを史料によって実証することは容易なことではない。史料的には、龍野惣町《たつのそうまち》会所《かいしょ》の記録「万覚帳《よろずおぼえちょう》」の一六八八（貞享五）年の記事に、醤油・味噌樽が高瀬運上銀《たかせうんじょうぎん》の賦課対象となったことが示されていること、龍野の惣年寄《そうどしより》の既述の円尾家の「有物《ありもの》覚《おぼえ》」には、一六九〇（元禄三）年に「一銀百弐拾目　すみ醤油ニ有」とあり、一六九一（元禄四）年には「一同（銀）八拾目　醤油弐石」とあることや、一六九三（元禄六）年には「醤油二石仕入」とあり、醤油仕込の記録がみられることが示唆的である。また領内で生産された醤油を龍野藩が江戸藩邸に納入したのは一七一〇（宝永七）年のこととされている。これらのことから、龍野醤油のはじまりは、十七世紀末のことであったといわれている。

近世龍野醤油の発展

十八世紀の享保期の円尾家の「有物覚」には、京、江戸、大坂への醤油の積み出しの記録が現れる。一七三一（享保十六）年の「有物覚」には「銀七百七匁五分　戌《いぬ》冬江戸廻し醤油出シ置」とあり、一七三二年には「銀四百八拾目　京大坂江戸醤油出シ置」とある。それは三都の問屋に委託して販売したものであり、積登せ量も一七三一年一八・三石、一七三二年一六石、一七三三年一五・二石、一七三四年二六・七石と少量であるが、円尾家の醤油が享保期に三都に積送されていたことを示している。そして、一七四六（延享三）年円尾家は孫八なる人物を京都に派遣し、同家の京都店を開設し、京都市場へ進出する足掛かりとした。円尾家はそれまで利貸業を中心に酒造業、味噌醸造業、醤油醸造業などを兼営していたが、一七四〇年代の利貸部門の拡大によって経営危機をまねき、酒造部門と醤油醸造部門に経営の比重を移すことにより、それへの対応がなされていた。こうして同家は醤油業の事業拡大を進め、一七四六（延享三）年京都店の開設にいたったのである。その後、一七七〇年代に同家の醤油部門は著しく拡大し、一七八〇年代にはいると利貸部門を凌《しの》いで経営の中心となっていた。こうした龍野醤油の京都市場への進出の成功の背景には、京都町奉行所《きょうとまちぶぎょうしょ》が一七八〇（安永九）年に在地の醤油問屋に加えて「他国醤油二十一軒問屋」を正式に認可し、京都以外からの醤油の流入を公認したことにあった。円尾家の京都出店は一七八四（天明四）年にこの「他国醤油二十一軒問屋」に正式加入が認められ、同家の龍野醤油の京都への出荷が本格化したのである。一七七〇年代以降の同家の醤油部門の顕著な伸びは、このような京都市場での成功を物語っていると思われる。

天保期（一八三〇〜四四）にはいると、円尾家の期末純資産はマイナスを記録しており、経営危機におちいっていたと考えられるが、それには、醤油の販路を京都市場から大坂市場へ転換することにより対応がなされていた。化政期（一八〇四〜三〇）の同家の出荷地域は京都市場が圧倒的であったが、一八三三（天保四）年から大坂市場向けが増大し、一八四〇年以降大坂市場が過半数をしめていたのである。

幕末期・明治期の龍野醤油業

文政末期から天保初期にかけて、円尾家の経営が悪化し破綻に瀕《ひん》していたことを前項でみたが、それは同家にかぎったことではなく、同家につぐ老舗《しにせ》で、一八一六（文化十三）年に大樽九〇〇〇挺《ちょう》以上を京積みしていた壺屋（横山家）でもみられたことであった。壺屋の経営は文政末期から危機におちいっており、一八三四（天保五）年に破綻したが、その経営は菊屋重吉を支配人として藩の「仕入所《しいれどころ》」としてつづけられた。老舗の経営がこのように悪化していた背景には、龍野醤油醸造業の構造に変化があったことも看過しえない。

一八三〇（文政十三）年の龍野醤油業者の株改めによると、上積醤油屋一一軒、地売醤油屋一四軒、計二五軒で、そのうち在方《ざいかた》のものは三軒にすぎなかったが、一八四七（弘化四）年の「仲間再興」の際には、他国積一七軒、地売四五軒、計六二軒となっており、そのうち町方《まちかた》のものは二五軒、在方のものが三七軒を数えていた。天保期以降、特に一八四七（弘化四）年の「仲間再興」をへて、龍野醤油業者数は急増し、その分布も、町方を中心とした地域から在方へとひろがっていたのである。化政・天保期を通じて台頭した在方の新興醤油業者は、その後、開港以降の経済変動のなかで変容を余儀なくされ、龍野醤油醸造業組合の沿革取調書によれば、「安政年度ニ至リ、製造人中絶家《せいぞうにんちゅうぜっけ》又ハ廃業セシ者ト、或ハ新規開業者アリテ、製造人ハ殆《ほと》ント一変ヲナセリ」と記している。

幕末・維新期の龍野醤油業の同業者組織は、このように流動化していたのであり、明治期にはいると、新たな醤油業者の参入をみることになるのである。北龍野村新町の有力商人因幡屋《いなばや》、浅井彌兵衛《あさいやへえ》（初代）が、龍野藩の払い下げた醤油製造所「物産蔵《ぶっさんぐら》」を一八六九（明治二）年に払い受け、醤油醸造業に参入した。「物産蔵」は藩の川東蔵《かわひがしぐら》として東ノ丸と称されていたことや、東から太陽が昇るように社運の隆盛を願ったことから、商標を東⃝ヒガシマルとしたという。ヒガシマル醤油へと発展する一つの基礎がこうして形成されていたのである。その後、同家は一八九六（明治二十九）年にこれを改組し、浅井醤油合名会社とした。浅井醤油合名会社の資本金は四万円であり、彌兵衛《やへえ》（二代）、彌七《やしち》（初代）兄弟によって出資されていた。同社は、翌年一六八坪の新蔵を増設し、生産量を七五〇〇石とするとともに、工場北側の竹虎製紙工場を買収し、敷地の拡充につとめ、一九〇二（明治三十五）年には松屋醸造所を買収して、乙蔵とし、生産量は一万三〇〇〇石に達していた。また一八九三（明治二十六）年十一月に菊屋の片岡重吉（十一代治助）が、菊屋を改め、菊一醤油合資会社を設立した。同社の資本金は二万円であり、出資者は片岡重吉、旧龍野藩主脇坂安熙、伏見屋竹内庸卿、初代龍野町長三木制《すさむ》、のちに同町長となる中原信之らからなっており、片岡が老齢ゆえ、中原が社長となった。中原は、規模拡大をはかるべく、龍野町日山川原《ひやまがわら》に経営していたまるなか醤油を一八九七（明治三十）年合併し、社名は菊一醤油合資会社のままとするも、資本金は両社の積立金を取り崩して一〇万円とし、生産量は一万三三〇〇石となっていたのである。そして、一八九八（明治三十一）年には、小《お》宅《やけ》村日飼《ひがい》の堀豊彦によって資本金一五万円の龍野醤油株式会社が設立されていた。龍野醤油の敷地は三〇〇坪あり、仕込蔵や圧搾場など一一棟と五九六本の仕込桶があり、生産量は一万五四〇〇石に達していた。一九〇七（明治四十）年には、一七九五（寛政七）年創業し地元販売を中心とした延賀《のぶか》家により、資本金五〇万円の日本丸天醤油株式会社が設立されていた。同社は、工場周辺を買収して規模の拡大をはかり、一九二三（大正十二）年には一万三〇〇〇石の出荷量に達していた。龍野では、このように合名会社、合資会社、株式会社などの会社形態をとり醤油醸造企業が設立されていたのであり、規模の拡大もみられ、産地構造の変革がじょじょに進んでいたのである。

（天野　雅敏）

小豆島の醤油醸造業

小豆島醤油業の成長

小豆島《しょうどしま》は、香川県の東北部、瀬戸内海東部に位置する淡路島につぐ大きな島で、古くから開発されてきた島である。小豆島では醤油醸造業がはじまる以前から製塩業がおこなわれており、醤油原料産地として有利な条件を備えていたし、瀬戸内海の要衝《ようしょう》地《ち》としての立地条件に恵まれ、肥前、肥後、島原などの小麦・大豆産地との海運による交流がみられた。また高温乾燥性の気候が諸味《もろみ》の熟成に適しており、気候的条件にも恵まれていた。このような立地条件や生産的条件のもとに、小豆島では醤油生産が成長・発展していったのである。

小豆島で市場向け醤油生産がはじまったのは、十八世紀末期の寛政年間（一七八九〜一八〇二）とされており、十九世紀の化政期（一八〇四〜三〇）には主要販路を大坂市場にもとめ、さかんに出荷していた。小豆島醤油業のこうした成長過程においてパイオニア的役割を果たした小豆郡《しょうずぐん》安田村の高橋文右衛門《ぶんえもん》家は、総本家高橋儀右衛門《ぎえもん》家から分家した高橋弥右衛門《やえもん》家の分家といわれ、初代文右衛門は一八一〇（文化七）年七月十六日に他界しているから、醤油醸造業に本格的に着手したのは一七七五（安永四）年に生まれた二代目文右衛門であり、そうしたことを考慮すると、小豆島醤油業のスタートは十八世紀後半に成立した家によってになわれていたといえよう。

高橋家の醤油仕込石数は、化政期、とりわけ文化後期と文政年間に増加するが、それでも仕込石数で四〇石前後から二〇〇石を超えた程度であり、その零細性は否定しえない。一八七〇（明治三）年の時点をとってみると、表9の醤油醸造業者の生産高別階層構成表に示されているように、小豆島東部地域には七五名の醤油醸造業者がおり、諸味石数で一万七〇〇〇石の生産があったが、その中心は二〇〇石未満の零細層であったといってよく、二〇〇石未満の零細層が醸造業者の八〇％、造石高《ぞうこくだか》の五八％をしめていた。当該期の小豆島には一〇〇〇石以上の醸造業者はみられず、最大規模でも六〇〇〜八〇〇石層であったのであり、その零細性は否めない。島内の村々に展開した農村工業としての小豆島醤油業の性格がここに表れているとみてよい。

しかし、その後の小豆島醤油業の成長には著しいものがあった。表9によると、一九〇五（明治三十八）年の小豆島の造石高は六万六六〇〇石余りであり、醸造業者は一一七名を数えていたから、一人あたりの造石高は五七〇石ほどとなり、醸造規模は拡大する方向にあったといえよう。同年の造石高の過半は一〇〇〇石以上層によって生産されており、三〇〇〇〜四〇〇〇石層も出現していた。他方四〇〇石未満層は醸造業者の五七％をしめているが、造石高からいうと二〇％を切っているし、二〇〇石未満の零細層をみると、醸造業者の約三〇％、造石高の六％ほどとなっており、零細層の比重は低下していたのである。その後の小豆島は、一九一〇（明治四十三）年の階層構成では五〇〇〇石以上層を、また一九一五（大正四）年のそれでは一万石以上層を生みだしつつ、造石高を増加させていたのである。

小豆島の醤油醸造企業の発展

一般に、醤油醸造業は、事業としてするには、小麦・大豆・塩という大量の原料と一定の労働力を必要とし、仕込蔵や器材などの多くの設備をあらかじめ準備しなければならなかったから、在来の産業のなかでは、比較的資本の固定的部分の大きい、懐妊期間の長い産業であったと考えられる。小

階層分析

1905(明治38)	1910(明治43)	1915(大正４)	1920(大正９)	1925(大正14)
		10,823(1)	17,336(1)	74,050(4)
	5,291(1)	20,259(3)	23,635(3)	36,435(5)
	4,478(1)	4,121(1)	4,954(1)	4,025(1)
6,956(2)	3,365(1)	3,364(1)	11,350(3)	7,138(2)
2,489(1)	7,485(3)	5.351(2)	10,195(4)	14,088(6)
24,661(17)	26,578(19)	25,492(18)	23,610(17)	24,722(17)
8,272(9)	3,490(4)	3,379(4)	7,011(8)	6,471(7)
3,370(5)	9,071(13)	8,128(12)	4,197(6)	8,367(12)
8,071(16)	4,655(10)	5,391(11)	4,895(10)	4,496(9)
8,937(32)	8,322(28)	5,295(17)	4,902(18)	2,321(9)
3,849(35)	4,396(43)	4,076(34)	1,754(19)	2,187(19)
66,605(117)	77,131(123)	95,679(104)	113,839(90)	184,300(91)
		11.3(1.0)	15.2(1.1)	40.2(4.4)
	6.9(0.8)	21.2(2.9)	20.8(3.3)	19.8(5.5)
	5.8(0.8)	4.3(1.0)	4.4(1.1)	2.2(1.1)
10.5(1.7)	4.4(0.8)	3.5(1.0)	10.0(3.3)	3.9(2.2)
3.7(0.9)	9.7(2.4)	5.6(1.9)	8.9(4.5)	7.6(6.5)
37.0(14.5)	34.4(15.4)	26.7(17.3)	20.7(18.9)	13.4(18.7)
12.4(7.7)	4.5(3.3)	3.5(3.8)	6.2(8.9)	3.5(7.7)
5.1(4.3)	11.8(10.6)	8.5(11.5)	3.7(6.7)	4.5(13.2)
12.1(13.7)	6.0(8.1)	5.6(10.6)	4.3(11.1)	2.4(9.9)
13.4(27.3)	10.8(22.8)	5.5(16.3)	4.3(20.0)	1.3(9.9)
5.8(29.9)	5.7(35.0)	4.3(32.7)	1.5(21.1)	1.2(20.9)
100.0(100.0)	100.0(100.0)	100.0(100.0)	100.0(100.0)	100.0(100.0)

(明治39)年，『醤油造石高一覧表　小豆島醤油製造同業組合』自1908(明治41)年度至1925
会経済史話　第三集(塩・醤油篇)』小豆島新聞社，1969年，219～239頁によって作成。
轄下にあった草加部，福田，大部の三ヵ村のものであり，小豆島西部諸村の数値は含ま

その製造戸数であり，構成比の単位は%である。なお(　)の数値が製造戸数に関するも

表9　小豆島醤油業の生産高別

		1870(明治3)
実数	石以上　石未満	
	10000－	
	5000－10000	
	4000－ 5000	
	3000－ 4000	
	2000－ 3000	
	1000－ 2000	
	800－ 1000	
	600－ 800	619(　1)
	400－ 600	988(　2)
	200－ 400	2,876(12)
	1－ 200	6,217(60)
	計	10,700(75)
構成比	石以上　石未満	
	10000－	
	5000－10000	
	4000－ 5000	
	3000－ 4000	
	2000－ 3000	
	1000－ 2000	
	800－ 1000	
	600－ 800	5.8(　1.3)
	400－ 600	9.2(　2.7)
	200－ 400	26.9(16.0)
	1－ 200	58.1(80.0)
	計	100.0(100.0)

『醤油造石高一覧　小豆島醤油組合』1906
(大正14)年度，川野正雄『近世小豆島社
1870(明治3)年の数値は，当時倉敷県管
れていない。
実数は，諸味仕込石数ないし査定石数と
のである。

豆島は、かかる産業的特徴をもつ醤油醸造業に後発の産地として参入し、先発産地と対抗しつつ発展を期さねばならなかったが、そのためには醸造規模の拡大をはかる必要があったし、それを実現するには大資本を得ることが必要であったであろう。しかし、小豆島のような後発産地の資本蓄積は低位であったと考えられるから、醸造規模の拡大をはかるのに必要とされる大資本を得るには工夫を要した。こうして、小豆島では、会社形態をとった醤油醸造企業の設立が早くからみられることになったのである。

明治期以降の香川県における会社形態をとった醤油醸造企業の成立過程を小豆島のある

小豆郡とその他の地域に分けて見てみた表10によると、小豆郡とその他の地域では会社形態をとった醤油醸造企業の成立過程に相違があり、小豆郡では、第一次企業勃興期に会社形態をとった醤油醸造企業が設立されており、日清戦後の第二次企業勃興期にはそうした現象が広くみとめられるようになるが、他の地域の醤油醸造企業のほとんどは明治末期か

表10　香川県における醤油醸造企業の成立過程

	小豆郡	その他
一八八八(明治二一)	小豆島馬越醤油製造会社(北浦村、一万円)	
	小豆島土庄醤油製造会社(土庄村、一万円)	
一八九五(〃二八)	小豆島内海醤油株式会社(草壁村、七五〇〇〇円)	
一八九六(〃二九)	小豆島入部醤油合資会社(池田村、八五〇〇〇円)	西讃醤油株式会社(豊田郡、七五〇〇円)
	島醤油製造株式会社(草壁村、一万八七五〇円)	
	平井合名会社(淵崎村、五〇〇〇円)	
	小豆島醤油広瀬合資会社(坂手村、八八〇円)	
一八九七(〃三〇)	小豆島四海醤油製造合資会社(四海村、六七〇〇〇円)	
	小豆島大部醤油合資会社(大部村、六〇〇〇〇円)	
一八九九(〃三二)	土庄醤油製造合資会社(土庄村、五〇〇〇〇円)	
一九〇〇(〃三三)	安田醤油株式会社(安田村、一万二五〇〇〇円)	
	草壁醤油株式会社(草壁村、五万円)	
	小豆島醤油株式会社(苗羽村、五万円)	

	小豆島池田醤油株式会社（池田村、四万円）	
一九〇二（〃三五）	内海醤油株式会社（苗羽村、五万円）	
一九〇四（〃三七）	長西合名会社（草壁村、八〇〇〇円）	
一九〇七（〃四〇）	丸金醤油株式会社（苗羽村、三〇万円） 清水醤油株式会社（西村、二〇万円）	松尾商会合資会社（仲多度郡、一万五〇〇〇円）
一九〇八（〃四一）		引田醤油合資会社（大川郡、一万五〇〇〇円）
一九一一（〃四四）		高松醤油合名会社（高松市、一万五〇〇〇円）
一九一七（大正六）	船山醤油株式会社（苗羽村、一〇万円）	
一九一八（〃七）		屋島醤油株式会社（木田郡、二五万円）
一九一九（〃八）		讃岐醤油株式会社（丸亀市、三〇万円） 圓香醤油株式会社（香川郡、五万円） 油屋商店（綾歌郡、二〇万円） 栗熊醤油株式会社（綾歌郡、二万円）
一九二〇（〃九）		龍宮醤油株式会社（綾歌郡、一七万円） 木田醤油株式会社（綾歌郡、一〇万円） 林田醤油株式会社（綾歌郡、一〇万円） 植田醤油株式会社（木田郡、一〇万円） 亀鶴醤油合資会社（大川郡、二万五〇〇〇円）
一九二一（〃一〇）		綾醤油株式会社（綾歌郡、二五万円） 川田醤油株式会社（綾歌郡、一五万円）

『香川県統計書』各年度によって作成。
（　）内は、各企業の所在地と資本金を併記した。

ら第一次大戦期以降とりわけ第一次大戦期以降に設立されていたのである。二次におよぶ企業勃興期に小豆郡で設立された醤油醸造企業は、資本金規模からいえば必ずしも大きなものではないが、それでも会社形態をとることにより在来の狭隘《きょうあい》な資本的限界を克服する方向へ歩を進めていたといえよう。

第一次企業勃興期の一八八八（明治二十一）年に小豆郡馬越《うまごえ》村に設立された小豆島馬越《うまごえ》醤油製造会社と日清戦後の第二次企業勃興期の一八九六年に同郡草壁村に設立された島醤油製造株式会社、それに一九〇七（明治四十）年同郡苗羽《のうま》村に設立された丸金醤油株式会社をとりあげ、会社形態をとった醤油醸造企業の発展過程について具体的にみることにしよう。

これらの醤油三社のプロフィールを示した表11によると、小豆島馬越醤油製造会社の資本金額は一万円（払込高三〇〇〇円）で、株主数は六名を数えるのみであったが、島醤油製造株式会社の資本金額は七万五〇〇〇円（払込高一万八七五〇円）となっており、株主数も三二名となっていた。丸金醤油株式会社の資本金額は三〇万円（払込高七万五〇〇〇円）で、株主数は一六四名であったから、資本金額や株主数からみると、島醤油製造株式会社は、小豆島馬越醤油製造会社と丸金醤油株式会社の中間に位置するものと思われる。

表11　小豆島醤油醸造企業３社のプロフィール

	小豆島馬越醤油製造会社	島醤油製造株式会社	丸金醤油株式会社
所在地	小豆郡馬越村	小豆郡草壁村	小豆郡苗羽村
創業年月	1888年６月	1896年４月	1907年１月
資本金	10,000円	75,000円	300,000円
同払込高	3,000円	18,750円	75,000円
株主人員	６人	32人	164人

『香川県統計書』1889(明治22)年，1896(明治29)年，1907(明治40)年によって作成。

「島醤油株式会社ノ特色」として、『小豆郡誌《しょうずぐんし》』は、「醤油製造ノ増加スルニ伴ヒ、労働者ノ不足ヲ告ゲ工費ノ増額スルハ勢ノ免レザル所ニシテ、何《いず》レノ工場ニ於《おい》テモ大《おおい》ニ苦心セリ、当社ニ於テハ、前社長長西英三郎茲《ここ》ニ見ル所アリ、明治三十四年十二月横置復式タンデンヨンバウンド式実馬力四十五馬力ノ蒸気汽機ト、コルニッシュ式常用汽圧一百磅《ポンド》ノ汽罐《きかん》ヲ据附《すえつ》ケ、諸味ノ攪拌《かくはん》、煎麦《いりむぎ》、蒸豆《むしまめ》等ニ汽力ヲ応用シ、以テ多額ノ製造ニ遺憾ナカラシメタリヌ、現社長中田延次ハ蒸気ノ余力ヲ以テ更ニ電力ヲ起シ、内海各村ニ電燈ヲ点火セシニ、申込者多数ニシテ其ノ希望ヲ満タス能《あた》ハス、今ヤ汽機ヲ増設シ、広ク其需《そのもと》メニ応セントスルノ好況ヲ呈セリ」と述べている。同社は、一九〇一（明治三十四）年十二月に蒸気汽機、ボイラーの導入に踏み切り、醸造工程の機械化に着手するとともに、長西英三

表12　島醤油製造株式会社主要固定資産等明細書(1912年)

資産名	金額	明細
営業地所	円 6,466.8	郡村宅地7反24歩2124坪，畑2反11歩611坪，井戸4
営業家屋	21,216.0	醤油蔵5棟外20棟，総建坪数1160坪4合
機関	11,041.1	機械1台，汽罐2台，空気壓搾機2台，付属品一切
器具器械	19,915.5	押槽12組付属品一切，大桶409本，小桶19本，紐35本，高壓蓋釜1個付属品一切，火入釜3個，麹室備附品，孵印機1基付属品一切，事務用品，金庫1個，賄用器，家具，夜具
空樽	3,298.8	
空壜	3.5	
空樽修繕用品	130.0	
修繕用品	26.0	機関ニ要スル修繕用品及礦油

『役員会録事　明治36年7月』によって作成。

郎の死去にともない一九一三（大正二）年一月同社社長に就任した中田延次の時代には、「蒸気ノ余力ヲ以テ更ニ電力ヲ起シ」、事業の多角的展開をはかって電気事業に参入するにいたったとする。島内の醤油醸造業は、それまで原料処理、仕込、製成の諸過程を主として人力に頼っていたが、島醤油製造株式会社は、醸造工程の機械化に先《せん》鞭《べん》をつけていたのである。日清戦後に成立した島醤油製造株式会社の工場の規模は、第一次企業勃興期に成立した島内の醤油醸造企業のそれよりも大きくなっており、機械化という点でも一定の進展をみせていたのである。そこで、島醤油製造株式会社の機械化の進展を確かめるために、一九一二

（明治四十五）年の同社の主要固定資産などの明細表を表12に掲げたが、これによると、明治末年の島醤油製造株式会社の工場には、機関・機械一台、汽鑵二台、空気圧搾機《くうきあっさくき》二台、高圧蓋釜《こうあつふたがま》一個などが整備されている。後発醤油産地の小豆島では、関東の諸産地にそれほど遅れることなく、明治三十年代中葉に醸造工程の機械化に乗りだす企業をうみ、「各地ニ向テ販路ノ拡張ニ勉メ」、醤油市場の拡大に供給面から重要な貢献をしていたのである。

小豆島醤油の改善進歩をめざして

しかし、市場の質という点からいえば、小豆島はなお「問屋本位」であり、「問屋乃至《ないし》商人の利益が中心」で、「値段の関係から番醤《ばんしょう》油《ゆ》を混入した所謂《いわゆる》次最上《なみさいじょう》以下の製品を出荷していた」とされている。一九一〇（明治四十三）年の小豆島の査定高五〇〇石以上の醤油醸造企業一一社・醤油醸造業者三二名をとりあげ、表13によってその醤油製成状況をみることにしよう。

明治四十年代前半の小豆島の醤油製成状況を表13でおおづかみにとらえると、製成醤油の五一％が生醤油からなっており、四九％が番醤油からなっていたことが知られる。したがって、製成醤油一石に対する使用諸味《もろみ》の量は〇・七二三石となり、諸味一石からできる製成醤油は一・三八四石となる。島醤油製造株式会社の場合をみると、一九一〇（明治四十三）年の査定高は四四七八石となっており、その製成醤油は六二四六石で、そのうち生

表13　小豆島主要醤油醸造企業・醤油醸造業者の醤油製成状況

企業名・業者名	査定高	製成醤油			*	**
		生醤油	番醤油	計		
	石	石　%	石　%	石　%	石	石
安田醤油株式会社	五二九一	三六八九(五二・四)	三三四九(四七・六)	七〇三八(一〇〇)	〇・七五二	一・三三〇
島醤油製造株式会社	四四七八	三一一五(四九・九)	三一三一(五〇・一)	六二四六(一〇〇)	〇・七一七	一・三九五
丸金醤油株式会社	三三六五	二四六七(七二・一)	九五四(二七・九)	三四二一(一〇〇)	〇・九八四	一・〇一七
高橋筆四郎	二九九七	一九七六(五六・三)	一五三一(四三・七)	三五〇七(一〇〇)	〇・八五五	一・一七〇
八木宗十郎	二四〇八	一三九九(四九・五)	一四二八(五〇・五)	二八二七(一〇〇)	〇・八五二	一・一七四
清水醤油株式会社	二〇八〇	一五九八(四七・一)	一七九七(五二・九)	三三九五(一〇〇)	〇・六一三	一・六三二
木下忠次郎	一九八〇	一四九一(四九・七)	一五〇八(五〇・三)	二九九九(一〇〇)	〇・六六〇	一・五一五
水野邦次郎	一八八八	一三一五(四六・五)	一五一五(五三・五)	二八三〇(一〇〇)	〇・六六七	一・四九九
小豆島醤油製造株式会社	一八〇四	一二〇六(五五・〇)	九八七(四五・〇)	二一九三(一〇〇)	〇・八二三	一・二一六
小豆島醤油株式会社	一七五四	一二〇八(四五・二)	一四六七(五四・八)	二六七五(一〇〇)	〇・六五六	一・五二五
高橋實造	一七三五	一二四九(六一・二)	七九二(三八・八)	二〇四一(一〇〇)	〇・八五〇	一・一七六
小豆島馬越醤油株式会社	一五四三	一一二〇(四八・二)	一二〇五(五一・八)	二三二五(一〇〇)	〇・六六四	一・五〇七
長尾彌太郎	一五三八	一一五〇(五一・〇)	一一〇六(四九・〇)	二二五六(一〇〇)	〇・六八二	一・四六七
木下ヨセ	一四〇七	九九二(四八・三)	一〇六二(五一・七)	二〇五四(一〇〇)	〇・六八五	一・四六〇
城寅吉	一三四四	八八四(四五・八)	一〇四七(五四・二)	一九三一(一〇〇)	〇・六九六	一・四三七
池田茂吉	一三二四	七七三(四七・六)	八五〇(五二・四)	一六二三(一〇〇)	〇・八一六	一・二二六
内海醤油株式会社	一二四九	八七八(五〇・七)	八五四(四九・三)	一七三二(一〇〇)	〇・七二一	一・三八七
黒島傳次郎	一二〇一	一〇〇一(五〇・四)	九八五(四九・六)	一九八六(一〇〇)	〇・六〇五	一・六五四
黒島岩吉	一一八二	八一九(五三・二)	七二〇(四六・八)	一五三九(一〇〇)	〇・七六八	一・三〇二
樋出寛一	一一六七	一〇〇二(五〇・六)	九七八(四九・四)	一九八〇(一〇〇)	〇・五八九	一・六九七
塩田亀吉	一一二五	七四八(五一・一)	七一七(四八・九)	一四六五(一〇〇)	〇・七六八	一・三〇二
石井岩吉	一一一六	八一五(五三・〇)	七二三(四七・〇)	一五三八(一〇〇)	〇・七二六	一・三七八

左海鹿蔵	一一〇九	九三五(五二・七)	八三九(四七・三)	一七七四(一〇〇)	〇・六二五	一・六〇〇
山本時蔵	一一〇五	七七一(五三・二)	六七九(四六・八)	一四五〇(一〇〇)	〇・七六二	一・三一二
小汐彌太郎	一〇〇八	六九三(四九・四)	七一一(五〇・六)	一四〇四(一〇〇)	〇・七一八	一・三九三
大橋市郎平	九〇八	六四〇(四三・四)	八三四(五六・六)	一四七四(一〇〇)	〇・六一六	一・六二三
小豆島入部醤油合資会社	九〇六	六四七(五四・七)	五三六(四五・三)	一一八三(一〇〇)	〇・七六六	一・三〇六
木下幸次郎	八六五	二九六(二五・一)	八八四(七四・九)	一一八〇(一〇〇)	〇・七三三	一・三六四
小汐亀太郎	八一〇	五七〇(四四・六)	七〇八(五五・四)	一二七八(一〇〇)	〇・六三四	一・五七八
小豆島池田醤油株式会社	七七〇	四七一(四九・七)	四七七(五〇・三)	九四八(一〇〇)	〇・八一二	一・二三一
久留島治作	七五六	五二九(五二・〇)	四八九(四八・〇)	一〇一八(一〇〇)	〇・七四三	一・三四七
丸木仁太郎	七四六	五七三(五四・八)	四七二(四五・二)	一〇四五(一〇〇)	〇・七一四	一・四〇一
樋出誠一	七四二	六四三(四五・五)	七七〇(五四・五)	一四一三(一〇〇)	〇・五二五	一・九〇四
山西喜代吉	七〇七	四〇九(四七・七)	四四八(五二・三)	八五七(一〇〇)	〇・八二五	一・二一二
高橋荒吉	六七三	四四一(五一・三)	四一九(四八・七)	八六〇(一〇〇)	〇・七八三	一・二七八
佐伯松吉	六五六	五〇五(五〇・一)	五〇二(四九・九)	一〇〇七(一〇〇)	〇・六五一	一・五三五
木下文蔵	六三三	四〇一(五五・六)	三二〇(四四・四)	七二一(一〇〇)	〇・八七八	一・一三九
岡實雄	六三一	四五九(四三・七)	五九一(五六・三)	一〇五〇(一〇〇)	〇・六〇一	一・六六四
長西英三郎	六一七	四三四(四八・六)	四五九(五一・四)	八九三(一〇〇)	〇・六九一	一・四四七
木下仙次郎	六〇七	四七三(四八・一)	五一〇(五一・九)	九八三(一〇〇)	〇・六一七	一・六一九
大町忠八郎	五六五	三七四(五三・九)	三二〇(四六・一)	六九四(一〇〇)	〇・八一四	一・二二八
川野助太郎	五五〇	三八七(五二・九)	三四四(四七・一)	七三一(一〇〇)	〇・七五二	一・三二九
小豆島四海醤油製造合資会社	五三七	四七〇(五三・五)	四〇九(四六・五)	八七九(一〇〇)	〇・六一一	一・六三七
小計	五九八七七	四二〇一六(五一・〇)	四〇四二七(四九・〇)	八二四四三(一〇〇)	〇・七二六	一・三七七
総計	七三七〇六	五二〇四九(五一・〇)	四九九六六(四九・〇)	一〇二〇一五(一〇〇)	〇・七二三	一・三八四

『明治四十三年醤油造石高一覧　小豆島醤油製造同業組合』、『明治四十三年中製成醤油石高表・明治四十四年一月一日持込（査定済ノ分）諸味石高表　小豆島醤油製造同業組合』（一九一一〈明治四十四〉年一月調査）によって作成。＊＝醤油一石に対する使用諸味、＊＊＝諸味一石に対する製成醤油。

醤油は四九・九％を、また番醤油は五〇・一％を占めていた。同社の場合、製成醤油一石に対する使用諸味の量は〇・七一七石で、諸味一石からできる製成醤油は一・三九五石となり、当時の小豆島の平均的な数値と大きな懸隔《けんかく》はなかったといってよい。そして、明治四十年代前半の査定高五〇〇石以上の他の醤油醸造企業・業者の多くも、事情はほぼ同様であったとみられるが、同表を子細に点検すると、そうした醤油製成状況とは異なった製成状況を示す企業の存在にも気づくであろう。それは丸金醤油株式会社であった。同社の一九一〇（明治四十三）年の査定高は三三六五石で、その製成醤油は三四二一石であった。製成醤油の七二・一％は生醤油であり、番醤油は二七・九％にすぎなかったのである。したがって、製成醤油一石に対する使用諸味の量は〇・九八四石となり、諸味一石からできる製成醤油は、一・〇一七石となる。丸金醤油株式会社の製成醤油は、小豆島の他の醤油醸造企業や醤油醸造業者とは異なっていたのであり、番醤油の比重を落とし、生醤油のウェイトを高め、良質な醤油醸造に傾斜していたとみてよいであろう。

丸金醤油株式会社の創設にあたっては、一九〇五（明治三十八）年設立の醤油試験場の新技術を導入することにより、関東の諸産地に対抗しうるような番醤油を使用しない良質な最上醤油、すなわち㊎高等醤油を市場に供給することが企図されていた。つまり、丸金醤油株式会社は、当初から本格的な会社形態をとった醤油醸造大企業として創設され、醤油試験場の研究成果にもとづいて技術革新をおこなおうとした小豆島の近代的な、いわば模範工場であり、「丸金方式は島醤油改善進歩の端緒を開いた」と評されているのである。

（天野　雅敏）

関東地方の醤油醸造

銚子の醤油醸造業

銚子醤油醸造業とヤマサ・ヒゲタ醤油

千葉県銚子《ちょうし》では、おそくとも十七世紀後半に、現代にまでつながる有力な醸造家が醤油醸造をはじめていた。飯沼村初期本百姓の一人、田中《たなか》玄蕃《げんば》家（ヒゲタ醤油）は、代表的醸造家の一つである。もうひとつの代表は、浜口儀兵衛《はまぐちぎへえ》家（ヤマサ醤油）である。現在、銚子最大のメーカーであり、野田のキッコーマンについで、国内第二のメーカーの地位にある。この浜口家が田中家と大きく異なるのは、同家はもともと紀州有田郡広村《ひろ》（現、和歌山県広川町）に居住しており、銚子での醤油生産開始後も、長らく広村に本拠を置いていたことである。浜口家の屋号が「広屋《ひろや》」であることが、このことを雄弁に物語るが、近世期の銚子には、このほかにも「広屋」を屋号とする醤油醸造家が、岩崎重次郎家をはじめ、複数存在した。銚子は一面では漁業の町であり、黒潮の流れを介して、紀伊半島沿岸との結びつきがあったことは容易に想像される。また広村は、古くからの有力醤油産地である紀州湯浅《ゆあさ》に隣接する地域にあった。

ヤマサ醤油、ヒゲタ醤油は、銚子醤油醸造業においてどのような位置にあったのか。各醸造家の仕込石高がわかる一七五三（宝暦三）年の時点で、ヤマサ醤油はすでに五〇〇石を超える最上層の三家の一角をしめていた。ただし、その仕込石高八三一石四斗は、宮原屋太兵衛の九八三石五斗、広屋理右衛門の八八四石四斗につぐ第三番目のものである。ヒゲタ醤油は三百余石で、同規模の醸造家は他にも五家あった。ヤマサ、ヒゲタともに、有力醸造家ではあるが、この時点では必ずしも突出した存在ではなかった。

一八八八（明治二十一）年になると、ヤマサ、ヒゲタおよびヤマジュウ醤油（岩崎重次郎家）の三家のみが、三〇〇〇石を上回る造石高《ぞうこくだか》を記録している。さらに一八九八年、ヤマサ醤油のみが五〇〇〇石の水準を越えた。これ以降、ヤマサ醤油は銚子の中で隔絶した地位を維持していくことになる。他方、ヒゲタ醤油は一九一四（大正三）年に、深井吉兵衛（ヒゲダイ醤油）、浜口吉兵衛（ジガミザ醤油）を経営統合し（銚子醤油合資会社の結成）、ヤマサ醤油の生産規模に迫った。しかし、一九一八年のヤマジュウ醤油の買収と新工場の増設によって、ヤマサ醤油の経営規模も急速に拡大し、一九二四年には生産量が八万石を超えて、銚子全体の生産の六三%をしめるにいたった。

すでに野田では、醸造家八家の糾合《きゅうごう》によって、一九一八年に野田醤油株式会社が設立していた。第一次大戦期をへるなかで、生産の集中・集積が進展していたことが読みとれよう。ヤマサ醤油の生産は、一九二四年時点で野田醤油の三九%である。これにヒゲタ醤油（銚子醤油）を加えた三者が、以後、東京市場では「三印《さんじるし》」とよばれるようになる。以下では、ヤマサ醤油の経営動向を中心に、野田と並んで醤油生産の中心地となる銚子醤油醸造業の特徴をみていくことにしよう。

生産の拡大と江戸市場

十八世紀前半、江戸へ移入された醤油の四分の三は下《くだ》り醤油（関西産の醤油）であった。それが一八二一（文政四）年には、入荷一二五万樽中、一二三万樽を関東産がしめるようになる。この間、江戸市場において、関東産醤油による「輸入代替」が進行していたといえる。銚子における醤油業の発展は、この江戸市場への販売に牽引《けんいん》されたものであった。十八世紀中葉のヤマサ醤油の仕込石高は八〇〇石程度、これが一八一〇年代には二〇〇〇石前後の水準に達するが、その時点で江戸売りが、販売全体の八〇％を超えている。ヒゲタ醤油も、江戸売りを中心に、十九世紀初めには一五〇〇石弱に生産量を伸ばした。

ただしヤマサ醤油の場合、天保期（一八三〇年代）から慶応期（一八六〇年代）まで、地売り（江戸以外への販売）が江戸売りを上回る時期がつづいた点に留意が必要である。江戸人口の停滞のなかで、野田の醤油生産の発展による競争の激化があり、ヤマサ醤油は新たな市場への進出を意図したのである。しかし、この時期のヤマサ醤油の生産は、二〇〇〇石前後で停滞的に推移した。逆に同時期のヒゲタ醤油は、一貫して江戸売りを中心に据えつつ、生産量を伸ばしていた。競争の激化した江戸市場への販路拡大の成否が、銚子醤油醸造業の帰趨《きすう》に大きくかかわっていたといえる。

醤油販売

ヤマサ醤油にとって江戸への販売は、江戸の醤油問屋との直接取引を意味していた。江戸に出張店を設け、そこに出荷が集中する時期もあったが、販売の拡大する十九世紀初頭は、出荷先に江戸の有力醤油問屋が名前を連ねている。なかでももっとも大口の出荷先が日本橋小網町《こあみちょう》の広屋・浜口吉右衛門家である。初代吉右衛門は儀兵衛の兄弟で、一貫して江戸で問屋業を営み、この時期には有力問屋の一員となっていた。醤油の卸《おろしう》売りのほか、塩の売買も手がけており、ヤマサ醤油の塩購入先でもあった。

江戸での醤油販売は委託販売、すなわち販売額の一定割合の手数料を問屋に支払って、商品の販売を依頼する方式をとっていたといわれる。その場合、個々の商品の販売価格は市場の実勢によって決まり、売れ残りのリスクは醸造家が負うことになるのが原則なはずである。しかし実際には、問屋からの返品はみられず、かつ「仕切値段」が、問屋と醸造家双方にとって、もっとも重要な交渉事項となっていた。そこで実際の販売の流れを、ヤマサ醤油の場合を事例に順を追って見てみよう。

醸造家は江戸問屋に向けて、定期的にある程度まとまった樽数の醤油を送付する。輸送は一八九七（明治三十）年の東京―銚子間の総武鉄道株式会社線の開通まで、もっぱら舟《しゅう》運《うん》が利用されていた。利根川を江戸川との分岐点まで遡《さかのぼ》り、つぎに江戸川を下って日本橋の河岸《かし》まで運ぶのである。問屋は受けとった醤油を販売する一方、見詰金《みつめきん》と称する内金《うちきん》を、文政期には年に二回、明治前期には毎月、醸造家に送付していた。その過程で生ずる債権・債務（醸造家が受け取るべき醤油代金と見詰金との差）を決済するのが、年二回の「仕切り」である。「委託販売」の原則からいえば、そこでの作業は、半年間の販売額（販売過程で実現した価格×樽数）を集計し、そこから諸費用（河岸揚賃《かしあげちん》―運輸関係の諸費用、蔵敷《くらしき》料《りょう》―倉庫の保管料）および販売手数料（口銭《こうせん》―販売額の一定割合）を差し引いた金額と、見詰金との差を確定すること、およびその時点で売れ残った製品の処理（返品など）を確定することである。しかし実際は、その半年に送られてきた樽数に、単一の仕切り値段を掛け合わせ、その金額を半年間の問屋による販売額としていた。この販売額と見詰金の差が、決済の対象となる金額なのである。したがって、仕切り値段を低く設定し、この金額を実際の製品販売額よりも小さくするならば、問屋は口銭とはべつに、その差額を手にいれることができた。ただし、事実上売れ残りのリスクは問屋側が負担することになるので、問屋側としても、少なくともリスク分は、実際の販売額よりも小さくなるように、「仕切り値段」を設定しなければならなかった。このように、「仕切り」に際して設定される「仕切り値段」こそが、利益配分を決定するのであり、問屋・醸造家の最大の関心事だったのである。

この値段は、問屋と醸造家の交渉によって決まる。そして、「低い仕切り値段」を問屋によって「押し付けられる」ことが、醸造家側の問屋に対する一貫した不満となっていた。実際、有力江戸問屋は比較的少数であったので、交渉に際して問屋側が優位に立っていたことは想像に難くない。それに対抗する手段は、醸造家の団結である。宝暦期（十八世紀後半）に成立した「銚子醤油仲間」の重要な役割は、江戸問屋との仕切り値段の交渉であった。文政期（一八一〇年代）の「関東八組造醤油仲間」（銚子、野田ほか計八つの仲間組織の連合体）の結成も、銚子組による交渉の成功――「仕切り値段」の一割増――を契機としていた。

このような醸造家・醤油問屋関係は、双方ともに有力事業者への集中化をともないつつ、明治以降も継続した。東京の問屋では、浜口商店（吉右衛門）や国分《こくぶ》商店（勘兵衛）が、食料品問屋として取扱い品の範囲を拡大しつつ、経営規模の拡大をとげている。特に浜口吉右衛門は、近代的な紡績会社や製糖会社、あるいは銀行の経営にも手を染め、明治・大正期の財界で名を馳せた。有力問屋層は、その経済力において、明治期においても醸造家を上回る存在であったといえる。この問屋優位の関係が大きく変わるのは、後述するように、一九二〇年代中葉を待たなければならなかった。

原料購入

つぎに、生産過程に目をむけよう。表14A欄は、ヤマサ醤油の嘉永期（一八五〇年代）の醤油仕込量とその原材料費の内訳を示している。醤油の主たる原料は小麦・大豆・塩である。それぞれ同量を仕込むのが品質のよい「上」であり、「次」（なみ）は塩水濃度を高めて、小麦・大豆を節約した。薪《まき》は大豆を蒸す、小麦を炒《い》る、

表14　醤油醸造のコスト（1848〈嘉永4〉年）

	A　ヤマサ醤油		B　ヒゲタ醤油	
	数　量	価　額	数　量	価　額
桶	95本			
仕込石高(造高)	1885石		2010石	3564両
上	1391石		1198石	
次	494石		㑒印 812石	
内訳				
(上)			(上・㑒共)	
大豆	695.5石	900両1分	996石	1269両1分
小麦	695.5石	643両3分	1008石	925両1分
塩	695.5石	272両2分	4025俵	473両3分
薪		136両3分		228両3分
(次)				
大豆	247石	319両3分		
小麦	247石	228両2分		
塩	283石	111両1分		
薪		48両2分		
上・次合計		2662両		
小掛り				375両1分
給　金				131両3分
扶持方				114両3分
河岸揚賃他				22両1分 1貫387匁

分未満は切り捨て，石未満も切り捨て。（谷本雅之「銚子醤油醸造業の経営動向」より）

製品に火入れ（殺菌）をするなど、加熱を要する工程に使われた。表14B欄には、原材料費以外のコストが判明するヒゲタ醤油の事例を掲げた。総生産費中、原材料費が八一％を占めていたことがわかる。ちなみに賃銀部分と考えられる給金および扶持方《ふちかた》（飯米《はんまい》）の合計は全体の七％弱にとどまった。

小麦、大豆の調達は、ヤマサ醤油では、商人（雑穀商）から仕入れる場合と、「在買《ざいかい》方《かた》」と称される、手代《てだい》が現金持参で買付けに赴《おもむ》くケースとがあった。有力な買入れ先は、府中、土浦、石岡（現、茨城県）などの雑穀商人であるが、これらの地は、関東平野に広がる畑作地帯を控えた大豆・小麦の集散地である。畑作地帯に隣接し、原料集荷が比較的容易であったことが、関東地方で醤油生産が広く展開する一因であったといえる。

二十世紀に入ったころから、外国産の小麦、大豆も大きな位置をしめるようになった。一九〇三年には、朝鮮産の大豆・小麦およびアメリカ産の小麦が、ヤマサ醤油の原料買入額の三八％余を占めている。貿易の進展や朝鮮・「満洲」への政治的・経済的な進出により、より安価な輸入原料の導入が可能となったわけであるが、この外国産原料への傾斜は、資金面でも、ヤマサ醤油の経営に利するところがあった。

国産原料の場合、現金持参の在買方はもちろん、集散地の有力雑穀商人からの買入れの場合でも、買付け資金として、前貸金を渡すことが一般的におこなわれていた。しかも、買入れは、年の後半の収穫期に集中している。これに対して外国産の原料は、年の前半期に購入されることが多かった。国産原料の購入と組み合わせることで、原料仕入れの季節変動は均《なら》されている。また、外国産原料は、購入に際して前貸金を必要としなかった。逆にいえば、国産原料を中心とした時期のヤマサ醤油は、原料調達に際して、一時に多額の資金を用意することが必要だったことになる。

固定資本と運転資金

では、醤油醸造経営にはどの程度の資金が必要とされていたのであろうか。それを幕末のヒゲタ醤油についてまとめたのが表15である。仕込高二〇一〇石の生産規模をもつ醤油業経営に対して、棚卸《たなおろし》の時点で合計七一八一両の資金が用いられていたことがわかる。まず当年に仕込まれ熟成中の諸味《もろみ》（小麦・大豆・塩水を混ぜたもの）に三五六四両が固定化されていた。仕掛品である諸味が大きな金額に上るのは、一年間の諸味の熟成が必要だからである。ついで翌年の仕込のために持越される原材料在庫が、大豆・小麦・塩・薪合計で一三五八両と評価されていた。原料在庫の多くは、秋の時点では原料前貸金として計上される金額であったろう。「江戸《えど》送先中《おくりさきちゅう》かし」と記載された一九六九両余は、江戸問屋に送られて、いまだ「仕切り」のすんでい

表15　ヒゲタ造醤油出金の内訳
（1848〈嘉永4〉年末）

	数　量	価　額
造　高	2010石	3564両
持　越		3610両
（内訳）大豆	518石	656両3分
小麦	664石	603両3分
塩	700俵	79両2分
薪		18両
小樽	4947	133両2分
縄		293匁
川印		16両
残糀代懸ヶ有		42両1分
子年奉公人手附金		85両2分
江戸送先中かし		1969両
合　計		7181両3分

分未満および端数の銀匁は切り捨ててあるため，持越の合計は内訳の各項目の合計に一致しない。また，造高と持越の合計も「合計」に一致していない。（谷本雅之「銚子醤油醸造業の経営動向」より）

ない醤油を金額評価した数値である。原料購入および製品販売過程においても、三〇〇〇両を超える金額の運転資金が必要とされていたのである。

以上は、流動資本にあたる部分である。他方、醸造業には、諸味貯蔵用の大桶を中心に、圧搾《あっさく》用の槽《ふね》や締棒《しめぼう》などの諸道具（設備）が必要であるし、作業場と倉庫、貯蔵用大桶を収納する蔵は欠くことができない。これらの評価額を表15に示された事例について推定すると、一四〇〇両程度となる。合計すると、十九世紀中葉の銚子の醸造家は、二〇〇〇石の仕込高に対して八五〇〇両程度の資金が必要であった。醸造業は、近世において例外的に、比較的大きな固定設備を要する産業である。さらに生産期間の長さが、流動資本の固定化をもたらし、仕入・販売の流通過程のあり方――委託販売と集中的な原料購入――が、その資金需要をふくらませていたのである。

経営成果

その一方、ヤマサ、ヒゲタの経営成果は、比較的良好であった。利益率（総資本利益率。ただし近似値）の計算が可能な一八三五～五八年のヒゲタ醤油の場合、一八四〇（天保十一）年に唯一欠損を出しているほかは、総資本利益率が一〇％を割る年は数年にとどまり、二〇％前後の年も珍しくない。醤油醸造業は、その経営に大きな資金が必要である反面、その資金需要に耐えうる経営には、比較的高い成果をもたらしたと考えられる。実際、田中家、浜口家の総資産は、ヒゲタ醤油、ヤマサ醤油への出資を大きく上回る規模を有しており、醤油経営は自己資本でまかないえていた。前述のように、浜口家・田中家ともに創業は十七世紀にさかのぼる老舗《しにせ》であり、長期にわたる蓄積期間と、十八世紀中葉以降の江戸市場への進出が、彼らに有力な資産家の地位を与えたと考えられる。逆に徒手空拳《としゅくうけん》では、醤油醸造業への参入は難しい。経営主体に相応の資産規模を要求することが、醤油業への参入障壁《しょうへき》として機能していたのである。

有力醸造家の優位性は、醤油の品質面でも指摘することができる。ヤマサ・ヒゲタとも、天保期以降、「上物《じょうもの》」の生産比率が上昇し、一八六四（元治元）年には、両者とも「最上醤油」の称号を幕府から与えられた。この称号を得たのは、銚子のヤマジュウ・ジガミザと野田のキッコーマン・キハク・ジョウジュウを加えた計七印のみであり、先発の醸造家としての技術的な蓄積が、品質の差異による製品の差別化を可能にしていたといえよう。このように有力醸造家は、十九世紀初頭において、すでに資金力・技術的蓄積によってその地位を確立しており、このことが、ヤマサのように生産規模は停滞基調ながら良好な利益率を維持し、安定的な経営を可能にした条件であったと考えられる。逆にいえば、有力資産家となった醸造家にとって、醤油業経営は、その資産を蓄積する安定的な基盤となっていたのである。

資産家・名望家

このように幕末期の浜口家は、醸造家であるとともに、有力な資産家でもあった。文政、天保期以降、その資産の一部は江戸での長屋経営や紀州および泉州《せんしゅう》（現、大阪府南部）での土地購入、また江戸、銚子での金銭貸付に運用され、一八八〇年代（明治十年代）に入ってからは公債・株式の所有もみられる。浜口家の家産は、この時期、むしろ醤油醸造業以外の分野に拡大していた。

社会的な活動を活性化させていたことも、幕末・明治前期の浜口家の特徴である。当主の梧陵《ごりょう》（七代儀兵衛）は、出身地の紀州広村《ひろ》が一八五六（安政三）年の津波によって大きな被害をうけたとき、堤防工事を主宰し、三年余にわたって合計一五〇〇両を出資した。また、紀州藩の藩政改革に関与し、一八六八（慶応四）年に勘定奉行《かんじょうぶぎょう》、一八六九（明治二）年には藩の教育の最高責任者（大広間席学習館知事）の地位に抜擢《ばってき》されている。廃藩置県後、自由民権運動の一潮流にもコミットした。一八八〇（明治十三）年には初代の和歌山県会議長に就任している。浜口家は、地方名望家とも呼びうる存在であった。

浜口梧洞（一〇代儀兵衛）の「積極政策」

一八九〇年代に入り、新たに当主となった浜口梧洞（一〇代儀兵衛）は「積極政策」を標榜し、浜口家の経済活動は新たな展開をみせることになった。家督を相続してまもない一八九三（明治二十六）年、古田《ふるた》荘右《そうえ》衛門《もん》家の醤油経営を買収合併し、また本蔵（乾蔵《いぬいぐら》）の増築、新蔵（巽《たつみ》蔵《ぐら》）の新設とつづく一連の設備拡大も加わって、ヤマサ醤油は銚子において、他から隔絶した規模の経営へと引き上げられている。

ただし、この時期の浜口家の「積極政策」は、家業である醤油経営以外においても顕著であった。浜口家家産にしめる醤油経営の比率は、顕著な醤油経営の拡大にもかかわらず、一八九〇年代後半、五〇％内外にとどまっている。資本投下先は、一八九四・五（明治二十七・八）年には「融通貸金」、公債、株券がおもなものであり、明治前期の状況とほぼ一致している。しかし、融通貸金は、この後漸減《ざんげん》傾向をみせ、公債所有も明治三十年代に入ると激減した。これに対し、紀州と大阪を結ぶ海運企業設立の試み「紀坂曳船組《きはんひきふねぐみ》」が新たな投資対象として現れた。地縁的な繋《つな》がりを持つ事業への出資をおこなっていることが読み取れるが、同様のことは、株式投資の内容変化にも現れていた。

一八九五（明治二十八）年、浜口梧洞は、優良企業として名の知れた日本郵船および鐘《かね》淵紡績《ふちぼうせき》の株式を売却した。その一方、地縁的関係のある和歌山県、千葉県関係企業の株式の購入を進めている。一九〇〇（明治三十三）年の株式投資残高七万円余のうち、有田起業銀行、銚子汽船、銚子銀行、武総《ぶそう》銀行などで五〇％弱をしめており、その後の日本鉄道株一万八〇〇〇円余の売却、武総銀行への追加的な出資をみれば、明治三十年代半ば以降、株式所有の地元企業比率が大幅に上昇していったのは間違いない。有田起業銀行では一時期筆頭株主の地位にあり、武総銀行へも一九〇〇年前後に、毎年二万円内外の金額が追加出資されている。この武総銀行の場合、株式投資にとどまらず、頭取《とうどり》も務めるようになった。会社企業との関係においても、浜口家は地縁的関係を有する地方企業への関与を深めていったのである。

しかしこれらの活動は、必ずしも収益にはつながらなかった。一九〇〇年度の利益金四万円余の九四%余は、醤油事業からの収益でしめられている。収益を産まない多角的な事業展開に、函館支店の水産物投機の失敗が追い討ちをかけ、浜口儀兵衛家は、一九〇五年ころには二〇万円近い負債を抱えるにいたる。その負債整理のため、一九〇六年に浜口家は、武総銀行株売却を含む諸事業の整理をおこなった。さらに好調な成績を示していた醤油事業自体からも、一時的な撤退を余儀なくされたのである。

浜口合名会社

このとき、醤油事業の受け皿となったのが、浜口合名会社である。同社は、有力取引先であり、かつ親戚筋でもある浜口吉右衛門が中心となって設立された新会社である。資本金五〇万円のうち、浜口儀兵衛家の出資分は五万円にとどまり、社長に就任した吉右衛門が最大の出資者（一〇万円）となった。もっとも、吉右衛門は多くの有力企業の経営陣に名を連ねる財界人であり、銚子で醸造経営を営む余裕はない。浜口儀兵衛商店時代の支配人・杜氏《とじ》《とうじ》が、引き続き実質的な日常業務を統括し、生産をつづけていた。

他方、日露戦争後の醤油市場の拡大のなかで、収益は堅調であった。利益金は、拡大投資にはまわされず、預金・現金として経営内部に蓄積されている。これが、一九一四（大正三）年の浜口儀兵衛家による事業買戻しを可能とした。買戻しに際して合名会社は解散するが、その際出資者は、計八〇万円の現金を取得している。その原資は、浜口儀兵衛家の三八万余の支出と、先にふれた経営内留保利益である。三八万円の出資で、ヤマサ醤油はふたたび、浜口儀兵衛家の個人事業となったのである。

しかし浜口儀兵衛家は、もはや往時の資産家ではなくなっていた。買戻し金のうち、二〇万円は銀行からの借入であり、そのほか親戚筋からも資金供給を受けている。「資産家」「名望家」から「産業企業家」へと変貌した浜口家は、これ以降、醤油事業そのものの発展を志向していく。

規模拡大と機械化

個人商店復帰後、ヤマサ醤油の経営規模は顕著な拡大をはじめた。一九一八年に、銚子第二位のヤマジュウ醤油が買収統合され、生産能力が一挙に八〇〇〇石分増大する。さらに重要なのは、第二工場（巽蔵）の拡充である。一九一五年の増築を皮切りに、一九一七〜二三年間に、六棟の鉄筋コンクリート造りの蔵があいついで建設された。

新工場では、さまざまな製造工程で機械が用いられるようになった。圧搾《あっさく》工程（諸味を絞る工程）への水圧機の導入、空気攪拌《かくはん》装置による諸味の攪拌などは、その代表的な事例である。また、重量物の工程間移動が必要な醤油醸造業にとって、工場内輸送の機械化も意義深い。液体（塩水、醤油）は、ポンプの作動によって、工場内に張りめぐらされた輸送管内を速やかに移動するようになった。大豆や小麦はコンベヤーやエレベーターによって運ばれた。「諸味」の汲み出しには、圧搾空気を利用した汲み出しポンプが威力を発揮している。実際、一九一四年下期末に「土地・建物」評価額の四割余りしかなかった「機械設備」評価額は、一九二二年に「土地・建物」評価額を上回ったのである。この間の機械化の進展のほどがうかがわれよう。

その効果は、労働生産性の上昇となって現れる。一九二三年の新鋭第二工場における醤油一石あたり労働関係費用（賃金・食料費）は、一円八八銭にとどまった。これはヤマジュウ醤油から引き継いだ旧式工場の三円〇一銭に比して、約三分の二の水準であった。すなわち、両工場での賃金水準を同じとすれば、機械化工場の一人あたり生産量は、旧式工場を大きく上回ることになったのである。

労使関係の変化

生産現場の激変は、また、労働者のあり方や労使関係にも大きな変化をもたらした。近世以来、ヤマサ醤油の生産過程は、蔵人《くらびと》と呼ばれる年間雇用契約のもとにある男性労働力を中核としていた。蔵人の多くは、銚子を含む海上《かいじょう》郡出身者で、「親分」と呼ばれる口入《くちいれ》業者を身元保証人とし、前借金を得たうえでヤマサ醤油に働きにきた。蔵人の間には、熟練の度合いによって、序列が形成されていた。長年の勤続を通じて醸造技術を体得した蔵人が杜氏となり、生産過程全般の指揮・監督をおこなう。頭《かしら》（工長に相当）・麦熬《むぎいり》（小麦の加熱作業担当）・諸味掻《もろみかき》（諸味の攪拌作業担当）は蔵《くら》方《かた》三役といわれ、熟練を要求される工程や、作業配分などの業務を担当した。そのもとに、一人前の労働者とみなされる「兄株《あにかぶ》」、熟練形成途上にある「山出《やまだ》し」（入職後三年間）が、集団を作って作業をおこなった。独身者が多く、工場内の「広敷《ひろしき》」と称する広間に共同で寝起きし、食事もすべて、蔵（工場）が支給していたという。

一九〇二年、東京高等工業学校・応用化学科を卒業した水崎鉄治郎がヤマサ醤油に入店した。水崎はヤマサ醤油の機械化を推進した人物であり、一九〇七年ごろには、第二工場主任の地位を得ている。すぐに杜氏が廃止されたわけではなかったが、これ以降、生産現場の管理は、学卒技術者に委ねられるようになっていく。また、一九一〇年代の経営規模の拡大によって、一〇代から二〇代の若年層が、大量に採用されるようになった。機械化は、熟練労働（前述の麦熬・諸味掻など）の必要性を低下させており、新規労働力は必ずしも、従来のような蔵人序列に組み込まれなくなる。前借金をともなう年間雇用契約は結ばれなくなり、賃金形態も、日給制を基本とした出来高給が中心となった。労働者の定着度は高まり、その過程で家族持ちの通勤者が増大していく。流動的な独身男性の寄宿する「広敷」の存在は、もはや過去のものとなった。一九二〇年代は、醬油醸造業においても、現代に通ずる労使関係の原型が形成される時期だったのである。

市場の変化

販売市場の面でも、一九二〇年代は変化の時期であった。第一次大戦および戦後ブーム期（一九一四〜一九年）の好景気は、東京市場における醬油需要、なかんずく、ヤマサ、ヒゲタなどの「最上醬油」の需要を顕著に増大させた（図5）。実際、一九一九年のヤマサ醬油利益率は、年率で三〇％（総資本利益率）を上回るほどである。ヤマサ醬油の急速な規模拡大は、従来からの販売市場の拡大に支えられていたのである。

しかし、一九二〇年恐慌後、東京の醬油需要は停滞的に推移するようになった。一方、ヤマサ、ヒゲタ、キッコーマンの三大メーカー（以下三印《さんじるし》と呼ぶ）では、機械化をともなう新鋭工場がつぎつぎに稼動するようになる。東京市場において、「最上醬油」の需要は飽和してしまったのである。

図５　東京醤油問屋への醤油種類別入荷高（１ヵ年平均樽数）

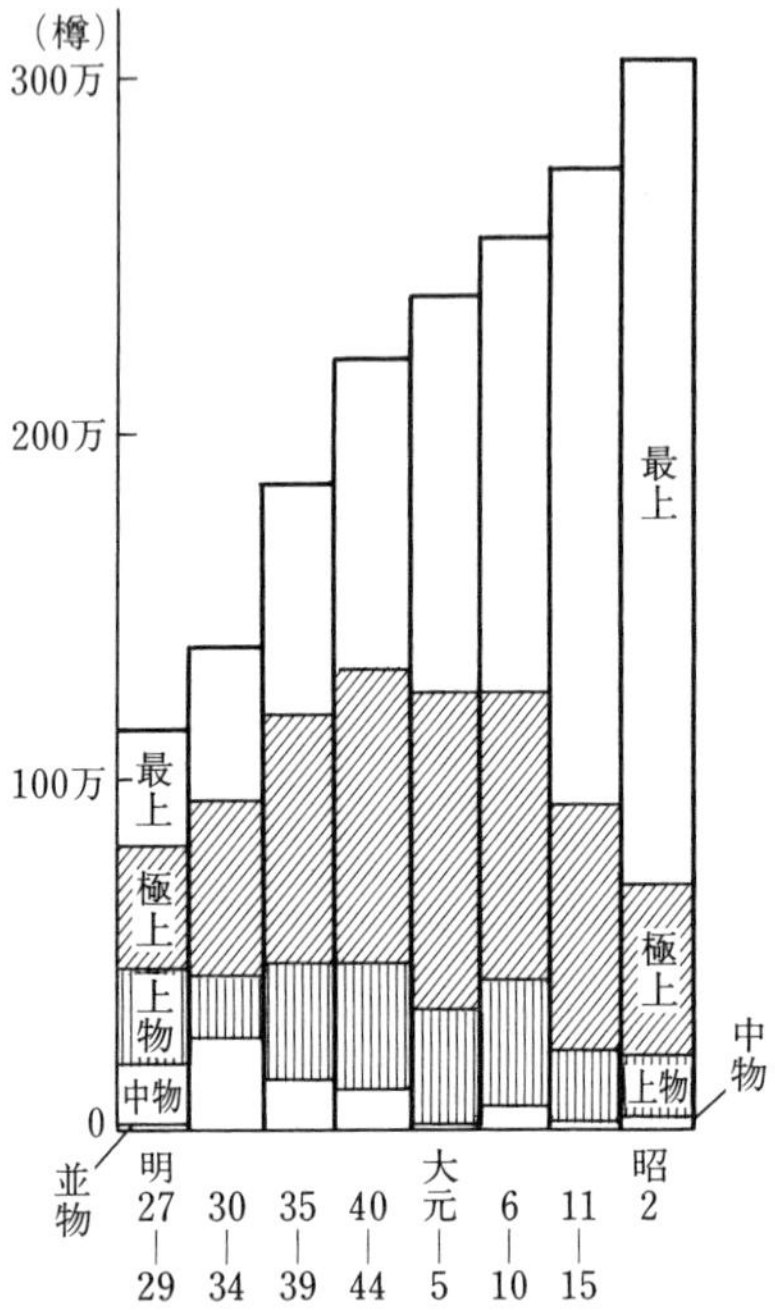

（林玲子「銚子醤油醸造業の市場構造」より）

その対応策の一つが、東京市場における販売協定の締結（一九二六年）であった。三印はカルテルを結成し、出荷制限による価格維持をはかった。さらに三印は共同荷扱所を設け、問屋の安売のチェックをおこなった。これは、近世以来問屋側に握られていた価格決定権を、メーカー側に移譲させることとなった。醤油流通機構における大きな変革といってよい。

しかし出荷抑制による供給量の制限は、メーカーの生産設備の稼動率を引き下げてしまう。各メーカーの第二の施策は、「地方売り」（東京市場以外への販売）の拡大であった。ヤマサ醤油も、各地に特約店網の整備・拡充をはかっている。このことは、近世後期以来形成されてきた醤油業における二層構造――大都市向け大醸造家と、地方市場向け中小醸造家の並行的発展――が、ゆらぎはじめたことを意味している。機械化によるコストの低下、大規模化による販売力の増大を基盤に、大規模醸造家は、地理的にも、また階層的にも、より広い範囲の市場をターゲットとした経営行動を示すようになった。

しかし、戦前期において、その意図は十分には実現されなかったというべきであろう。「最上醤油」の購買層は、地方都市の一部に広がったにとどまり、農村部への普及はきわめて限定的だったからである。醤油業におけるナショナル・ブランドは、戦後高度成長期にはじめて実現されるものだったのである。

（谷本　雅之）

野田の醤油醸造業

野田醤油業とキッコーマン

今日、野田の醤油はキッコーマンのブランド名で世界的に知られ、キッコーマンは醤油の代名詞にさえなっている。野田は知らなくとも、キッコーマンを知らない日本人はいないであろう。

しかし、近世や明治期の野田では、キッコーマンだけでなくさまざまな銘柄の醤油が製造されていた。この状況を脱して今日につづくキッコーマン・ブランドに統一されていくのは、多様な銘柄の醤油を製造していた野田の醸造家たちが大正期に大合同した結果であった。もちろん、大合同に加わらなかった山下平兵衛《やましたへいべえ》家（キノエネ印）のような醸造家もおり、同家は現在でも大手メーカーの一つ（キノエネ醤油）として発展を遂げている。し

図6　野田醤油醸造図絵馬（愛宕神社所蔵，野田市郷土博物館寄託）

かし大合同以降、野田醤油業の発展は圧倒的規模を誇るキッコーマン・ブランドの発展にほぼ置き換えられるようになった。以下では、この大合同にいたる経過、大合同後にキッコーマン・ブランドが全国銘柄としての地位を確立していく過程を眺めていきたい。

茂木・高梨一族への集中

明治初期の野田には多様な醤油銘柄がみられたが、特徴的なのは、それらの多くが茂木《もぎ》・高梨一族の製品でしめられていたことである。天保期以降、野田で醸造家の廃業があいつぐなか、両家はその地位を高め、一八七四（明治七）年には野田醸造家一四名のうち九名を茂木・高梨一族がしめた。同年の醤油税鑑札《かんさつ》による仕込高をみると、両家で野田全体の八四％にのぼる圧倒的なウェイトを誇っていた。

興味深いのは、他の醸造家たちが蹉跌《さてつ》を繰り返すなかで、なぜ両家が生き残ったのか、また単に生き残っただけでなく、なぜ巨大経営に成長できたのかという点である。

生き残りの背景として重要なのは、本家・分家間の相互扶助関係であろう。いったん分家すれば醤油市場では本家と競合したが、競合のなかでも分家の報恩意識、本家の庇護意識は失われなかった。したがって、どちらか一方が深刻な経営の危機におちいると、もう一方はさまざまな形でその立て直しを助けた。たとえば、一八四一（天保十二）年に一五歳の若さで家督を相続した二代茂木勇右衛門《もぎゆうえもん》（フジノイッサン印）に対し、本家の茂木七左衛門《もぎしちざえもん》家（クシガタ印）は事業を代行して支援する一方、勇右衛門を七郎右衛門家（キハク印）の蔵に勤務させて事業を覚えさせた。そして、勇右衛門が二五歳になると、代行していた事業を返還して営業権を戻した。近世以来、茂木・高梨一族は一つの家に資源を集中して事業の拡大をはかるのではなく、分家創設によって一族の事業を成長させるという特徴的な戦略をとってきた。その戦略は廃業リスクを分散させると同時に、相互扶助によってリスク自体を低下させる機能も果たしたのである。

製品と技術の優位

廃業する醸造家があいつぐなかで、茂木・高梨一族が巨大経営に成長できた条件については、必ずしも明確ではないが、両家になんらかの醸造技術上の優位があったと考えるのが自然であろう。それは生産性の高さというよりも、品質的に優れた製品を造り出せる能力の問題であった。

たとえば、すでに一八四〇（天保十一）年の江戸の醤油業者番付（一三五頁参照）には東西の大関として茂木分家の七郎右衛門（キハク印）と高梨本家の高梨兵左衛門《ひょうざえもん》（ジョウジュウ印）が掲げられ、大関につぐ関脇には茂木佐平治《もぎさへいじ》家（キッコーマン印）が入るなど、番付上位には野田の両家や銚子の田中玄蕃《たなかげんば》家（ヒゲタ印）といった大醸造家が名をつらねていた。すでに天保期に、両家の製品の優秀性は江戸市場で広く認められていた。

もっとも、良質な醤油生産を可能にした技術的背景は十分に解明されていない。しかし、たとえば、醤油の質を左右する麹菌《こうじきん》について友麹《ともこうじ》という野田独自の技術が生み出されたこと、あるいは各家独自のブレンド技術が進歩したことなどが重要となろう。ブレンド技術というのは、さまざまな仕込年数の諸味《もろみ》を調合する技術である。俗に「一年諸味は香りよし、二年諸味は味よし、三年諸味は色よし」といわれ、諸味は経過年数により特徴が違っていた。「色よし」の「色」は醤油の色ではなく、醤油を使って煮込んだときの料理の色のことである。こうした諸味の特徴を活かすべく、各家では独特の調合を施していた。この調合技術も、茂木・高梨一族の高品質を支える基盤になったのかもしれない。本家・

分家間の技術伝承と交流、競争的な技術開発などが、両家の技術的優位に貢献したのであろう。

一八六四（元治元）年に、幕府は江戸の物価騰貴《ぶっかとうき》を抑制するために醤油価格の四割値下げを命じた。しかし、江戸向け醤油醸造家の陳情をうけ、野田と銚子の七つのブランドについては一般「極上」品とは異なる「最上」品と認定し、値下げを免除した。最上と認定された野田の銘柄は、キハク、キッコーマン、ジョウジュウの三印であり、茂木・高梨一族の有力銘柄が独占した。最上という格付けはこのときに生まれたといわれるが、野田における両家の品質上の優位は幕府にも認められたのである。

先駆的なマーケティング戦略

技術に加えて興味深いのは、マーケティングである。醤油には確かに品質の差があるが、人間の嗜好《しこう》も一様ではなく、「おいしさ」が市場のブランド・イメージに影響されるのは避けられない。したがって、販売戦略はとても重要であった。

もっとも早く宣伝活動をおこなったのは、高梨兵左衛門家（二四代）であった。文化期（一八〇四～一八年）に野田周辺に点在する親鸞《しんらん》ゆかりの寺院参詣が流行《はや》ると、兵左衛門は参詣客を上十《ジヨウジユウ》丸と名付けた舟で江戸に送るサービスをはじめ、江戸でのジョウジュウ印の知名度を大いに高めたという。

一方、茂木佐平治家（六代）は大胆かつユニークな販売戦略をとった。一八六八（明治元）年、吉原の軒先に亀甲萬《きっこうまん》マークの入った提灯《ちょうちん》を吊り下げ、芸者や花魁《おいらん》を総揚《そうあ》げして大々的に得意先を接待した。さらに茶屋に亀甲萬と大書した傘を置き、雨天の帰り客を「歩く広告塔」として利用した。佐平治はこの後「むらさき大尽《だいじん》」と呼ばれたという。

最近は醤油加工品の宣伝が多くなり、醤油そのものについては派手な宣伝がみられなくなった。しかし、醤油業界は伝統的に宣伝活動に力を入れてきた。宣伝の重要性にいち早く着目したのも野田の醸造家であり、茂木・高梨一族だったのである。

野田醤油醸造組合の結成

幕末維新期に江戸（東京）市場の混乱と人口流出による需要減退のために野田醤油業は一時的打撃を受けたが、それを乗り越えるとふたたび成長を開始した。この成長を支えた組織が野田醤油醸造組合である。

一八八六（明治十九）年、農商務省からの通達をうけて、関東一府五県の醤油業者による同業組合設立の動きが盛り上がった。当時、野田最大の醸造家であった茂木七郎右衛門（六代）は、広域組合の結成前に野田と近隣地域内の醸造家との結束をはかることを訴え、翌八七年、同意した野田と近隣・流山《ながれやま》などの醤油醸造家一七名が野田醤油醸造組合を結成した。

もちろん、組合の中心メンバーは野田の醸造家であり、茂木・高梨一族であった。野田から参加した一一名のうち九名は両家が占め、また醸造石高に応じて組合負担金が拠出されたので、拠出額でも両家が圧倒的ウェイトをもっていた。したがって、初代頭取（組合長）には茂木七郎右衛門、幹事役には高梨兵左衛門らが選ばれ、茂木・高梨一族が組合を指導することとなった。その意味で、組合は後の茂木・高梨一族の大合同へとつづく経過的な段階となったといえよう。

市場統制

組合は、醬油・粕《かす》の価格協定、原料麦の価格入札、出荷統制、各種雇人および職人の賃金協定などをおこなったが、一般的な同業組合にはない広範な統制機能を果たしていた。地域組合にこれだけの機能が期待できた背景には、醬油市場における野田醸造家の高い地位があった。組合の第一の目的は、こうした自由競争の制限による組合員の利益増進であり、今日でいうカルテル的な組織として機能していた。

ただし、野田が大産地であったとはいえ、東京市場の価格統制は野田の組合だけでは困難であった。組合結成まもない一八九〇年には穀物価格が高騰し、醬油相場が仕込原料価格を大幅に下回るという窮状におちいった。そこで野田を含む千葉など一府六県の醬油醸造組合は東京問屋組合と連携して、大規模な出荷統制を実施し、醤油価格の引き上げに成功した。このことは、より広域の同業組合や問屋組織が動員されることで野田醤油醸造組合の統制力の限界が補完されていたことを示す。しかし、統制の成否は大産地・野田の意向にかかっていた。野田の組合は共同統制でも他府県組合に強い影響力をおよぼしていた。もちろん、組合の機能は統制に限られていたわけではない。博覧会や共進会への共同出品など製品の改良・宣伝や醸造技術の研究指導という点でも成果をあげた。

近代的醸造技術の導入

一八六四（元治元）年の最上認定により茂木・高梨一族は醤油業界での地位を大きく高めたが、同時に、最上の格付けに恥じない醤油を造りつづけるため、いっそうの改良と研究を進めるという課題を負うことになった。

自らも化学を学んだ茂木七郎右衛門（六代）は、一八八七（明治二十）年、自宅に化学研究所を設置し、醤油醸造の科学的研究をはじめた。この動きは野田醤油醸造組合にも引き継がれ、一九〇四年には野田醤油醸造組合醸造試験所が設立された。試験所の初代主任研究員は茂木和三郎であった。和三郎は茂木分家・房五郎（三代、ミナカミ印）の次男で、東京帝国大学で鈴木梅太郎に師事し、植物生理学を学んだ。主任研究員となった和三郎は純粋培養による種麹《たねこうじ》の製造研究に取り組み、みごとに成功した。純粋培養により常に同一の麹菌が手に入るようになったことは、製造工程の管理を容易にしただけでなく、品質の安定化にも大きく寄与した。組合は、純粋培養で得られた麹菌を組合員に配布する事業を開始し、一九〇七年ごろには同一麹菌による醸造体制がととのえられた。従来の友麹による製造の限界が科学的に取り払われたのである。

組合試験所の活動と並行して、個別醸造家による技術研究も進み、醸造法の改良や醸造機械の開発がおこなわれた。なかでも、茂木房五郎（四代）が技師長鈴江近太郎とともに開発した圧搾機《あっさくき》は画期的な成果で、粘性が高く圧搾が難しい醤油諸味の圧搾効率を大きく高めた。房五郎は、一九〇七年にこの野田式水圧式圧搾機で新案特許を取得している。また、茂木分家の啓三郎（初代、キッコーホマレ印）は研究熱心で、製麹《せいきく》過程における虫害の抑制法や二番醤油の品質改良法などを考案し、その普及につとめた。

このように明治の野田では、従来の経験と勘による醸造法から脱皮して科学を応用した近代的醸造技術の確立がめざされた。その場合、上述の画期的な諸成果に加えて、経験にもとづく製麹工程管理から温度計と製麹経過表を用いた管理への変更といった細部の改良が積み重ねられたことも重要であろう。

一九〇八年春に、野田・銚子を視察した小豆島《しょうどしま》・丸金醤油の木下仲次郎社長は、「関東杜氏《とじ》が概して研究的である点は、島の杜氏とは比較にならぬ大変な相違である」と述懐しているが、最上品産地（野田・銚子）の技術研究に対する熱心な姿勢を示す証言といえよう。それは最上ブランドを守るという重い課題への対応であり、したがって野田では茂木・高梨一族、あるいは両家が指導した組合の試験所が技術研究で中心的役割を担った。

東京醤油会社の設立

野田は東京における旧《ふる》い流通組織の改革にも取り組んだ。江戸時代以来の慣習で、江戸＝東京における販売は全面的な問屋委託であり、醸造家には販売価格の決定権はなく、年二回の仕切りでは問屋から提示された販売額に従って代金が精算された。近代を迎え、野田や銚子に大醸造家が現れるようになっても、この問屋依存の体制は変わらず、醸造家の立場は弱かった。

これを旧弊として流通の近代化をめざしたのは、茂木佐平治（七代）であった。一八八一（明治十四）年、佐平治は利根川、霞ヶ浦沿岸の醸造家に「製販一体化」を呼びかけ、同調した有志により資本金六万円の東京醤油会社が設立された。同社は日本橋蛎殻町《かきがらちょう》に倉庫を構え、加盟醸造家の製品を共同で問屋ないし仲買に販売しようとした。新会社の事業はたんに醸造家が一次問屋として販売にかかわるだけでなく、従来の「店受《たなうけ》」（特定の醸造家と問屋との結びつき）関係にもメスを入れようとするものであった。東京問屋で協力を表明したのは滑川《なめかわ》・山本二店にすぎず、圧倒的多数は問屋の商権に対する重大な挑戦と受けとめた。

東京問屋は結束して、東京醤油会社の発起人となった醸造家の製品を扱わない対抗措置をとった。対立は長期化したが、一八八八年、問屋組合員のうち三名が茂木佐平治家のキッコーマン印を扱ったのが発覚すると、彼らを除名して盟約書を作成し、キッコーマンを絶対に荷受けしないことを改めて申し合わせた。

ところが、たまたま翌八九年の暴風雨で東京醤油会社の倉庫が倒壊し、在庫の醤油が壊滅的打撃を受けるという事件が起こった。この被害によって会社は廃業に追い込まれ、発起人の佐平治家も大きな経済的打撃を蒙った。八年におよぶ問屋と東京醤油会社との深刻な対立は、偶発的な天災によって終結したことになる。

だが、会社廃業の原因を単に天災とみるのは適当ではない。問屋と対立した東京醤油会社は、問屋の販売網から閉め出され、加盟醸造家の醤油を売り捌《さば》くには独自の販売網を開拓する必要があった。これは問屋が組織する販売網の切崩しを意味したが、それが容易でないことは明らかであろう。小売や仲買《なかがい》にとって東京醤油会社との取引はリスクがあまりにも大きかったからである。会社が順調に販売できなければ、最後は加盟醸造家に負担を課す結果となる。その場合、会社に加盟していても問屋の荷受け拒否に遭っていない醸造家はまだ負担が小さかったが、荷受けを拒否された会社発起人の醸造家、特に茂木佐平治家の負担は非常に重かったと考えられよう。

苦境は佐平治家の醸造石高にも現れていた。幕末に一万石を超えて野田一の仕込高を誇った同家が、一八八七年にはわずかに五〇〇〇石台の仕込しかおこなっていない。一方、翌八八年の問屋盟約書には「会社ト敵視シ、非常ナル尽力ト勉強トヲ以テ対陣数歳、漸《よう》ヤク万死一生、敵塁疲弊、目下《もっか》安心営業ノ位置ニ至ル……諸君御承知ノ通リ此年モ、会社ノ年ニ月ニ衰微ニ赴ク」と記され、問屋側の文書ではあるが、暴風雨に遭う前に東京醤油会社の経営が行き詰まり、逆に問屋は安心して商売できるようになったと問屋側の勝利に近い状況が述べられていた。会社の破綻は問屋組合との抗争に敗れた結果でもあった。勝敗は理非ではなく、力の問題であった。東京問屋組合と対抗するには、銚子の醸造家まで含んだ、より広範な醸造家の結束が必要であった。この広範な結束にもとづいて流通組織の近代化（委託取引から値極取引《ねぎめとりひき》への変更）が達成されるのは大正末であった。

飛躍的成長

組合設立と東京醤油会社問題の解消をうけ、野田醤油業は本格的な成長期に入った。特に日清戦後から明治末にかけての成長は著しく、組合所属醸造家の総仕込高は一八九七年四万七〇〇〇石から一九一二年一三万七〇〇〇石へと三倍近く増加した。この間、全国造石高《ぞうこくだか》の伸びは一・五倍程度であり、野田醤油業は倍近いペースで成長した。

成長は工業化にともなう人口の増大と自家醸造の減少に支えられており、自家醸造の動向は醤油税に規定されていた。醤油税は一八七一年施行、七五年に廃止された。しかし、八五年に松方財政下で軍拡財源確保のために復活し、日清戦後の九九年改正で自家醸造も造石高一石以上の場合は課税されるようになった。自家醸造の捕捉《ほそく》は困難で脱税も多かったが、課税は自家醸造の展開を制約した。

野田が飛躍的に成長できたのは、主要なマーケットの東京で都市化が本格化し、著しい人口増大がみられたこと、茂木佐平治家（九代）を中心に輸出が増大したことなどによる。大正初年に野田醤油の輸出依存度は生産の九%近くにおよんでおり、他産地に比べて著しく高かった。また、市場の量的拡大だけでなく、生活水準の向上による最上品需要の増大という構造的な変化がみられたことも、野田の成長を加速した。

もちろん、市場の拡大と需要構造の変化に対応できた基礎には、野田におけるたゆまぬ醸造技術の研究と製品改良の努力があった。また、一九〇〇年には野田人車《じんしゃ》鉄道株式会社

（資本金三万円、江戸川河岸《えどがわかし》と醸造蔵間の運搬）や野田商誘銀行（資本金二五万円、三代茂木房五郎頭取）が設立されるなど産業基盤の整備もおこなわれた。両社とも野田醬油醸造組合の決議にもとづいて設立された点も注目される。

増石競争と大合同への序曲

明治後半の急成長は、醸造家間の格差をともなっていた。特に著しく成長したのは茂木佐平治家（八・九代、キッコーマン印）で、日清戦後に五〇〇〇〜七〇〇〇石であった同家仕込高は、明治末年に三万石を超え、七郎右衛門家（キハク印）に迫るようになった。日清・日露戦後の急成長は、一族内の増《ぞう》石《こく》競争を通じて達成された。

増石競争は野田の成長を促進すると同時に、組合内における力関係を変化させた。組合は仕込量に応じた拠出金で運営され、頭取などの役職も拠出金の多寡《たか》で決められた。仕込高の変化は組合内の主導権に影響した。茂木・高梨一族は組合に集結することで一族の和と野田醬油業界における指導的地位を守ってきた。キッコーマンの急成長は、一族の和に亀裂を生み、茂木・高梨両家を核とする組合の結束にも影響する恐れがあった。

一方、大正期に入ると、日露戦後不況の影響がようやく醬油市場にもおよび、全国造石高は二三〇万石台で停滞し、醬油価格も低落した。明治末年以降、野田の組合は、銚子の組合、東京問屋と連携し、値締《ねじめ》（価格維持・引上げ）を目的とする積止め（出荷制限）をおこなった。積止めは大戦景気が醤油業に波及する一九一七（大正六）年まで繰り返された。積止めをおこなっているにもかかわらず、野田の醤油業者は、ペースこそ落ちたものの、まだ増石をつづけていた。供給過剰を積止めで調整する一方、供給過剰の要因となる増石競争は放置された。この間も最上品需要は伸びつづけたので、増石自体は必ずしも不合理ではない。しかし、規制を欠き、ペースを無視した増石がしばしば供給過剰を引き起こし、問題化していた。国内市場に対する過剰生産は、海外にはけ口を求める動きにつながった。茂木佐平治家は明治期から米国向け輸出に積極的であったが、大正期には国内市場の過剰化をうけて茂木七郎右衛門家も米国市場進出の準備をはじめた。国内市場で残されたパイをめぐる争いが過熱する一方、輸出でも一族内の競合がはじまろうとしていた。

増石競争は茂木・高梨一族間の亀裂、組合の結束力の低下を招き、無規制な増産は供給過剰問題を引き起こした。この抜本的解決をめざして、大規模な合併案が浮上した。

合同交渉

合併をめぐる水面下の話し合いが決着し、正式交渉に入ったのは一九一七年九月であった。合同の鍵は茂木佐平治家（九代）が握っていたが、佐平治、茂木七左衛門（一一代）、高梨兵左衛門（二八代）の三者会談で佐平治も合同に賛同し、新会社設立の方針が確定した。ところが、同月二十八日の発起人会で茂木七郎右衛門（六代）が商標の新会社への無償提供を表明し、他の参会者もこれに賛同したのに対し、ひとり佐平治だけはキッコーマン印の商標料一〇〇万円を要求した。佐平治には内外でキッコーマン・ブランドは消費者の絶大な信頼を得ているとの自負があり、一〇〇万円は法外とする意見にも頑《がん》として譲らなかった。スムースに進むかにみえた合同交渉は、こうしていったん暗礁《あんしょう》に乗り上げた。

ブランド問題の解決に尽力したのは、茂木啓三郎（初代、キッコーホマレ印）であった。啓三郎家は一九〇〇年設立の最も新しい茂木の分家で、父房五郎（二代）が経営する千葉県行徳《ぎょうとく》の醤油蔵を譲渡されて分家に加わった。啓三郎は幼年で家督を継いだ九代佐平治の相談役をつとめており、佐平治も啓三郎の説得に折れて、商標料を三〇万円に引き下げた。

ブランド問題が解決すると、十月に本家七左衛門家で新会社にかんする具体的協議がおこなわれた。参加者は、茂木家側が本家七左衛門、分家の七郎右衛門（六代）、佐平治、房五郎（四代）、勇右衛門（三代）、啓三郎の六家、高梨家側は本家兵左衛門（二八代）一家で、新会社の資本金と各家が出資する資産の評価方法を協議し、意見の一致をみた。この時点で高梨家は本家を除いて醤油業から撤退していた。こうして大合同が正式に確定した。

野田醤油株式会社の誕生

さっそく同年十一月に各家が現物出資する敷地、蔵、醸造用品、諸味などの資産評価がはじまり、新会社資産額は七七〇万円強とする算定結果が出た。この評価額を一〇〇万円圧縮して資産六七〇万円とし、キッコーマンの商標権三〇万円を加えて、新会社・野田醤油株式会社の資本金は七〇〇万円に決まった。この間に流山の堀切紋次郎家が新会社への参加を申し出たので、同家のみりん醸造部門を分離させ、醤油部門を新会社に加えることとなった。分離されたみりん部門は万《まん》丈《じょう》味醂《みりん》株式会社となり、資本金一〇〇万円の半額を野田醤油株式会社が出資した。野田醤油株式会社は同年十二月に登記され、翌一九一八年一月正式に営業に入った。

役員は五〇〇株以上を保有する株主から選ばれ、初代社長には茂木七郎右衛門（六代）が就任した。最大の出資者であった茂木佐平治（九代）は、茂木七左衛門（一一代）とともに常務取締役に選任された。

野田醤油株式会社は、四万坪近くの敷地面積に一九の仕込蔵《しこみぐら》を擁し、醸造能力は二〇万石を超え、全国生産量の八％をしめる巨大な醤油醸造経営となった。今日につづくキッコーマンの基礎はこうして築かれたのである。

新会社の社章は醤の字を円形に図案化した「丸醤」で、今日のキッコーマン印ではなかった。会社発足時に野田醤油は各家から引き継いだ二一一種類もの商標を抱えていた。これを無理に一つの印に統一しようとすれば、紛糾は免れなかったからである。したがって、これらの膨大な商標を整理・統合していくことが最初の課題となった。

キッコーマンへの統一

野田醤油株式会社の設立とともに、醤油市場における最上品の格付けに変化が生じた。一八六四（元治元）年に最上品と認定された七銘柄のうち、銚子のジガミサ印とヤマジュウ印はすでにそれぞれヒゲタ、ヤマサに買収されており、野田醤油は残りのキッコーマン、ジョウジュウ、キハクの印を引き継いだ。野田醤油会社の設立にともない、市場では銚子のヒゲタ、ヤマサと野田のキッコーマンの三印《さんじるし》を最上品に格付けるようになった。市場は野田醤油所有の最上品三銘柄のうちキッコーマンをもっとも高く評価したのである。これ以降、関東の最上品メーカーは「関東三印」と呼ばれるようになった。

市場が野田醤油を代表する銘柄としてキッコーマンを選択したことで、新会社の商標整理の方向もキッコーマンへの統合というかたちで進んだ。一九二〇（大正九）年に野田醤油は所有銘柄のうち代表的な八印だけを残すこと、各工場とも順次キッコーマン生産に移行することを決め、全社を挙げてキッコーマンへの「仕込替え」がはじまった。

しかし、この過程には困難がともなった。種麹《たねこうじ》にキッコーマンと同じ菌を使用しても、同じ製品をつくることは簡単にはできなかった。キッコーマンを集中的に量産できるようになったのは一九二六年のことであり、しかも新設の第一七工場によるキッコーマン量産化を通じてはじめて可能となった。

業界を震撼させた第一七工場

一九二二（大正十二）年に着工し、四年の歳月をかけて二六年に竣工した野田醤油第一七工場は、醤油業界の常識を覆す規模と設備を備えていた。敷地は一万五〇〇〇坪超、三階建てコンクリート製の建物には随所に最新の機械設備が据え付けられ、仕込能力も一万六〇〇〇𥁕《キロリットル》近くという桁外《けたはず》れの規模を誇った。野田醤油は、茂木佐平治家から引き継いだ第三、第九甲、同乙、第一五工場でキッコーマンを生産していたが、仕込能力は合計で一万𥁕《キロリットル》強にすぎず、この第一七工場だけでそれら四工場分をはるかに上回るキッコーマンの仕込が可能であった。第一七工場の建設によりキッコーマン・ブランドの量産体制が確立した。

また、この工場には竣工後も新案火入装置、原料穀物の真空輸送装置、小麦焙煎《ばいせん》装置な

図 7　完成祝賀会に沸く野田醤油第17工場（1926年，キッコーマン株式会社所蔵）

ど最新の技術がつぎつぎに導入され、伝統的な醸造技術にもとづく蔵での醤油生産から近代工場による醤油生産へと脱皮する画期ともなった。これに刺激されて銚子のヤマサやヒゲタも近代的な工場の建設に取りかかるようになった。

野田醤油会社の成長と東京市場の限界

野田醤油会社が設立された一九一七（大正六）年は大戦景気の真っ最中であり、好況の波及が遅れた醤油業界もようやく本格的に好景気を謳歌《おうか》しはじめた年であった。好況は大戦終結後も継続し、一九年にはバブル的な景気過熱のもとで醤油価格も異常な高騰を示した。この異常な好景気は二〇年恐慌をきっかけに瓦解《がかい》し、慢性不況期と呼ばれる一九二〇年代に突入する。醤油価格も恐慌をきっかけに低落したが、最上品価格は大戦前よりも数段高い水準で下げ止まった。

この状況をうけて、創立後における野田醤油の業績はきわめて順調であり、一九二四年には出荷量が四万キロリットル《キロリットル》を超え、積立金（会社の蓄積利益）も資本金額を上回るという好調ぶりを示した。好成績に力を得た経営陣は、いっそうの営業拡大をめざして、翌二五年に二度の大規模な増資をおこなった。この結果、野田醤油は資本金三〇〇〇万円（払込二六二五万円）の巨大経営に成長を遂げた。増資と並行して、堀切家の万丈味醂株式会社と茂木啓三郎家の日本醤油株式会社（一九〇五年朝鮮仁川《じんせん》に設立、資本金二〇万円）を合併した。また、増資に際して五〇〇万円（四分の一払込）は、取引先、従業員、町内有志などからの株式応募を受け付け、連帯を強化するとともに外部資金導入の道を開いた。

一方この間に、中核的マーケットの東京市場では深刻な変化が生じていた。最上醤油は大戦景気の下で価格上昇をともないつつ飛躍的に需要を拡大し、消費水準の不可逆的な傾向により好況が去った後も、最上品の需要は簡単に下級品にシフトしなかった。最上品価格も大戦前より高水準で下げ止まった。しかし、一九二〇年代に入ると、人口増大の鈍化が東京市場の最上品需要に天井を画しはじめた。野田醤油の第一七工場に代表される野田や銚子における最上品生産能力の拡大は、東京市場のキャパシティを超えはじめた。

ナショナル・ブランドへの道

東京市場の飽和状況をうけて最上品メーカーの関東三印は、カルテル協定（出荷制限、一九二六年～）で東京市場の競争を制限して価格維持をはかる一方、競って地方市場に進出した。第一七工場などの大型投資は、地方市場の開拓を期待しておこなわれた。その場合、すでに三印製品がある程度浸透していた東日本地方の市場も重要だったが、三印製品がなかなか入り込めない関西、九州など西日本市場への進出が大きな課題となった。ただし、九州では独特の再仕込醤油が使われ、関西には龍野《たつの》や小豆島などの有力産地が存在するなど、西日本市場は魅力的であったが、参入障壁は高かった。

野田醬油会社は、国分商店に地方販売を委託していたが、関東以西については会社が直販する体制に改めた。また、関西市場への本格的進出をはかるため、大阪出張所を拡充するとともに一大生産拠点の構築を試みた。関西に「第二の野田」をつくろうというわけである。この背景の一つには、大正後半から激しくなった野田の労働運動に対して、万一の際の避難場所を確保する思惑もあったという。

関西工場は一九二七（昭和二）年に用地選定（兵庫県高砂《たかさご》）を終えていた。しかし、同年から翌二八年にかけて起こった歴史上有名な野田大争議のために計画は頓挫《とんざ》を余儀なくされ、着工は二九年にズレ込んだ。三一年に竣工した同工場は、敷地約六万坪、コンクリート製の三階建で、野田の第一七工場を上回る破格の規模を有していた。通常生産に入った三二年の出荷量は一万六〇〇〇㌔㍑《キロリットル》であったが、西日本市場の拡大を織り込み、七万二〇〇〇㌔㍑《キロリットル》までの増設余地を残していた。また、原料や製品の搬入出には自動吸引装置やエレベーターが利用されるなど、第一七工場にはない最新技術も取り入れられた。

この関西工場を足場にして、キッコーマン印は西日本市場に本格的に進出していった。

こうして野田醤油はキッコーマンへの統一をはかりつつ、そのキッコーマン印を全国に浸透させていく体制を整えた。関東三印はともに西日本進出をめざした。しかし、それに成功したのはひとりキッコーマン（野田醤油）のみであり、キッコーマンは業界唯一のナショナル・ブランドに成長していくこととなる。

（花井　俊介）

江戸崎の醤油醸造業

関東各地の醤油醸造業

江戸の消費需要を背景に、十九世紀に入ると銚子《ちょうし》・野田のほかにも、関東各地に有力醸造家が現れてきた。それを雄弁に語っているのは、幕末に発行された「番付表」の類である。

一例として、図8に一八四〇（天保十一）年発行の「醤油番付」を掲げておいた。最上位にはこれまで見てきた銚子、野田の有力醸造家が並んでいるが、そのつぎのランクには、関東各地の醸造家が目白押しである。実際、江戸醤油問屋との販売条件交渉を担った醸造家側の団体――関東八組造醤油仲間《つくりしょうゆなかま》――には、銚子、野田のほかに玉造《たまつくり》、水海道《みつかいどう》、千葉、松尾講、川越、江戸崎《えどさき》の六つの組が加わっていた。以下では、江戸崎組の世話役を務

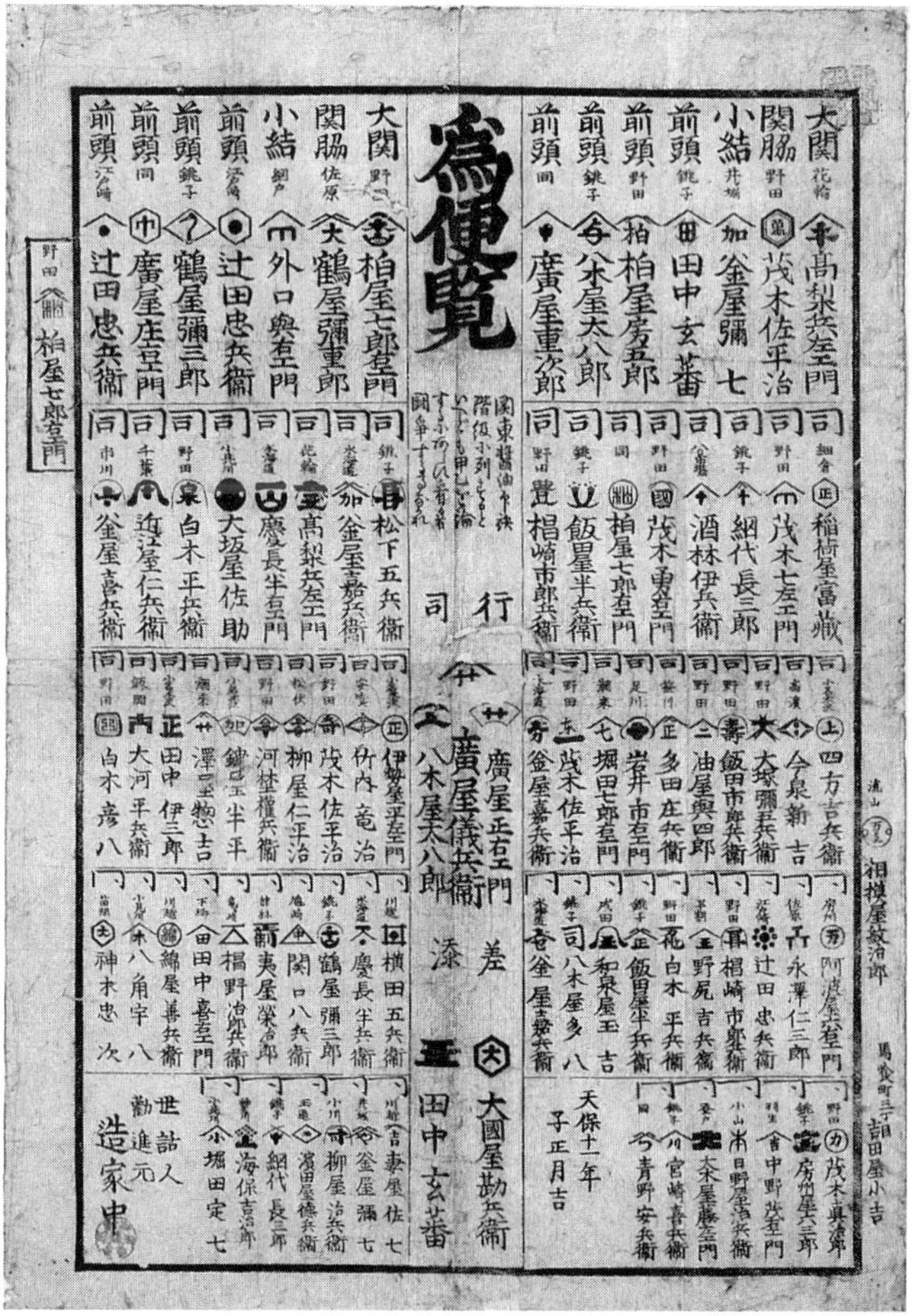

図８　関東醤油番付（1840〈天保11〉年，野田市郷土博物館所蔵）

めていた関口八兵衛家（図8では前頭）を事例に、関東地方における中堅的な醸造家の動向をみていこう。

近世後期の関口八兵衛家

常州《じょうしゅう》信太郡《しだぐん》鳩崎村《はとざきむら》の関口家（現在の地名表記では茨城県稲敷郡《いなしき》江戸崎町鳩崎）の醸造経営の起源は、近世中期（十八世紀半ば）に遡《さかのぼ》ることができる。図9にあるように醤油造石高《ぞうこくだか》は、天明から寛政期（十八世紀末葉）にかけて五〇〇〜六〇〇石程度、文政期には五〇〇石から八〇〇石を上下し、天保期前半には大きな落込みも経験している。しかし天保後期以降、一八五〇年代後半（安政期）と一八八〇年代前半の二つの急速な拡大期をへて、同家の仕込石高は、明治中期には三〇〇〇石台後半の水準となった。この時点の生産量は、銚子のヤマサ醤油やヒゲタ醤油と、肩を並べていたのである。

この関口家の醤油醸造経営の展開は、他の関東の有力醸造家と同様、江戸（東京）の醤油需要を背景とするものであった。造石高が一〇〇〇石に満たない文政期に、すでに江戸崎組の世話役を務め、江戸問屋との交渉にも参加している。「店卸勘定帳《たなおろしかんじょうちょう》」によれば、一八七八（明治十一）年の販売先は、国分勘兵衛《こくぶかんべえ》の六〇〇〇樽余りをはじめ、榛原嘉助《かすけ》、中条瀬兵衛《なかじょうせへえ》ら東京の醤油問屋が全体の七割をしめていた。国分勘兵衛は、後に三井財閥

図9　関口家醤油仕込石高（諸味石）

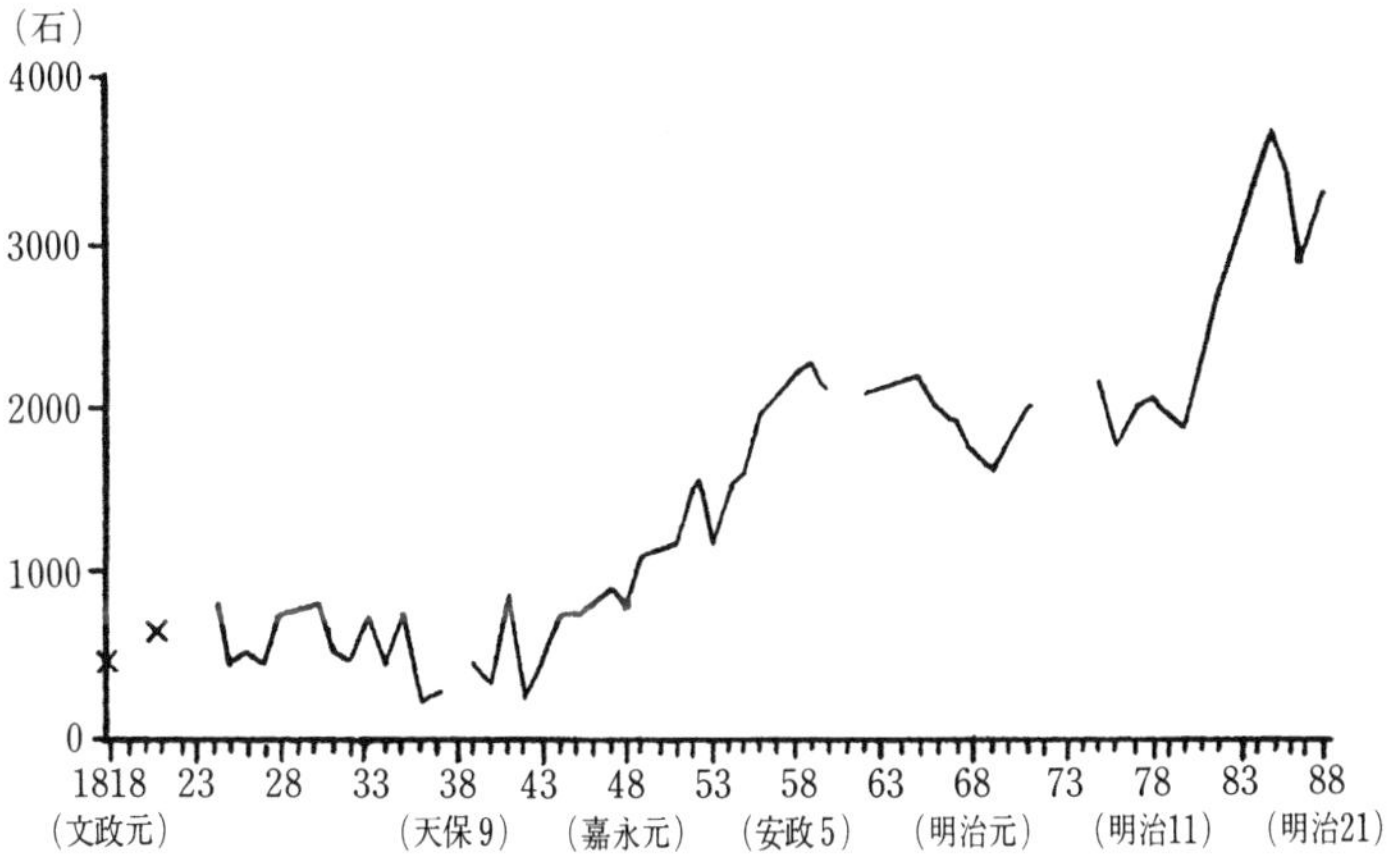

（谷本雅之「関口八兵衛・直太郎」より）

を形成することとなる三井家（越後屋）と同じく伊勢松阪の出身で、江戸の有力醤油問屋の一つである。この国分勘兵衛と関口家は文政期から取引があった。関口家と江戸市場との密接なつながりをうかがうことができる。

　また、この時点で販売された醤油銘柄十一種類のうち、最も単価の高い「上菱《じょうびし》」印が、全体の八〇％以上をしめていることも興味深い。天保期（一八三〇年代）には「上菱」印は、出荷量全体の一割未満である。関口家はこの間に、より良質醤油へとその生産を傾斜させていたのである。

　では、醤油経営は関口家の経済活動全体のなかで、どのような位置をしめていたのだろうか。文政・天保期には醬油経営への出資は資産全体の三〇～四〇％程度で、収益にしめる割合も五〇％前後の年が多い。しかし醬油生産の拡大が見られた一八五〇年代以降、醬油業からの収益は全体の八〇％台に上昇した。醬油業の年間利益は、安政期（一八五〇年代）の九〇〇両から明治初年の五〇〇〇両に増大した。物価上昇を考慮に入れても、利益額は二～三倍に増えたことになる。関口家は幕末期に醬油業経営に特化し、そこでの蓄積によって有力醬油醸造家へと成長していたのである。

博覧会出品と輸出

図9にもあるように、関口家の醬油醸造経営は、明治十年代（一八八〇年代）に、今ひとたびの拡大を遂げた。この時期の特徴は、販売および広告活動の面での、新機軸の試みである。

関口家は明治政府による内国勧業博覧会《ないこくかんぎようはくらんかい》の開催に呼応し、第一回（一八七七年）、第二回（一八八一年）、第三回（一八九〇年）と連続して醬油を出品した。その製品は、花紋賞《かもんしよう》牌《はい》（第一回）、有功《ゆうこう》ノ賞牌《しようはい》（第二回、第三回）を受賞している。

外国への輸出もおこなわれた。一八八三年の三井物産会社を介したアメリカ輸出が、確認できる最初の海外向けの販売で、一八八七年に同じく三井物産を通じてイギリスへ販売したことも記録に残されている。そのほか、富士商会を介してアメリカに輸出し（一二〇〇樽）、横浜二二四番館（ドイツ・レッツ商会）と一八九〇年一月に、外国販売の特約を結んだ。一八八九年のパリ万国博覧会へも出品し、上菱印が銅賞を獲得している。在外邦人はいまだ僅少であったので、これらの販売活動は、欧米人への販路開拓を狙ったものであった可能性が高い。ちなみに銚子のヤマサ醤油の販売先に「外国」が現れるのは、二十世紀に入ってからであった。関口家の試みは、関東の醸造家のなかでも、先駆的なものだったといえる。

多角的事業展開

銚子の浜口家と同様に、醤油業以外の分野への積極的な進出が見られたことも、この時期の関口家の経営の大きな特徴であった。ビール醸造、ソース製造、煉瓦《れんが》製造、為替廻漕《かわせかいそう》会社、製茶業、牧畜事業、寒水石《かんすいせき》採掘事業を手がけ、かつ利根《とね》運河会社の株主（東京在住者以外では、五番目の大口株主）で、有限会社黒水抄紙《しょうし》会社への出資者でもある。

ビール醸造業は、それらの事業活動の代表例であった。醤油輸出で関係のあったレッツ商会を介して、ドイツ式ビール（下面醱酵）の醸造機械および原料ホップを輸入する。駒場農学校（現、東京大学農学部）教師オスカル・ケルネルや、キリンビール技師ヘルマン・ヘッケルトの指導によって、醸造技術の獲得をはかった。上菱ビールとして販売が開始されたのが一八八八年、早くも翌年のパリ万国博覧会へ出品し、銅賞を受賞した。一八九〇年の内国勧業博覧会でも褒賞《ほうしょう》を得ているが、これは麒麟《きりん》、札幌《さっぽろ》など先駆的有力企業につぐ地位にあったことを示している。生産見込みは一八八七年に五一〇石、翌年は六〇〇石（四合瓶換算一五万本）であったが、一八九〇年には増造により、一〇〇〇〜二〇〇〇石の生産にいたったらしい。一八九三年のシカゴ万国博覧会にも出品している。もっとも博覧会への出品はこれが最後で、ビール醸造業経営は、まもなく頓挫《とんざ》するのであるが、しかし一八八〇年代後半の事業規模は、一定の規模を備えたものだったのである。

このように明治前期の関口家は、醬油醸造にとどまらず、新しい経済活動を展開する企業家の面を有していた。同時に、関口家の場合も、社会的、政治的な領域における活動を見逃すことができない。

社会的活動

同家は近世期に村役人などは務めておらず、社会的な活動が目立つのは、明治に入ってからのことである。まず一八八一年に連合戸長《こちょう》に任ぜられ、同年中に学務委員も兼ねるようになる。鳩崎小学校建築に際しては敷地一反余と五〇〇円を寄付した。さらに当主八兵衛（一二代）は改進党《かいしんとう》に入党した。江戸崎を中心に創刊された改進党系の『常総雑誌《じょうそうざっし》』に対して、資金提供（または融通）をおこない、啓蒙的な観点から、社会制度、慣習を論ずる文章も発表している。そして、民党系の候補として第一回衆議院議員選挙に出馬し、茨城六区初代の代議士に選出された。

このように、関口八兵衛の場合、事業活動と政治的活動が、一八八〇年代に同時に活性化していたことが注目される。このことは、一見相異なったものとしてとらえられるこの二つの領域が、八兵衛にとっては必ずしも峻別《しゅんべつ》されるべきものではなかったことを示している。「新しい知識・機会」で事業活動をおこなう主体を「企業家」、「地域社会」とのかかわりで社会的な活動をおこなう資産家を「名望家」と名づけるならば、明治二十年代の関口八兵衛の場合、同一主体内に「企業家」的要素と「名望家」的要素が混在していたと表現することができよう。その二つの要素が組み合わされ、かつ互いに刺激しあって広範な領域での活動の動因として作用したところに、明治二十年代の関口八兵衛の諸活動の、歴史的な特性があったと考えられる。

関口家経営の悪化

しかし、この八兵衛の行動は、関口家の家産動向に決定的に負の影響を与えることになった。事業が多方面に拡大している一八八九年時点で、同家には五万円を超える借入金があったことが判明する。その原因は、上述の事業活動と社会的活動の双方にあった。たとえば、ビール醸造機械代金の支払いをめぐって、レッツ商会と裁判になっているが、これは、自己資金を上回る規模の投資活動をおこなっていたことの証左である。これらの事業がすみやかに利益獲得源泉とはならなかった点が、経営悪化の遠因であったことは間違いない。

しかし、より直接的な打撃は、政治活動にともなう資金需要、なかんずく、選挙費用にあったと考えられる。実際、一八九二年の第二回衆議院議員選挙——この選挙では落選することになる——では、選挙戦序盤で早くも一万円以上を支出していたらしい（新聞『いはらき』一八九二年二月四日の記事による）。このような出費が、いまだ収益に結びつかない事業展開と並行するならば、借入金への依存を高めていくほかはなかった。関口家経営にとって一八九〇年代は、この借財の整理を起点とする、事業経営縮小の時代となっていく。

まず醤油以外の事業の整理をおこなった。ビール醸造をはじめとするさまざまな事業は、いずれもこの時期に中止の憂《う》き目《め》をみている。また、満年齢一六歳で在学中の長男直太郎に家督《かとく》が譲られ、醤油営業鑑札《かんさつ》もさらに若年の次男関口信次《のぶじ》に譲られた。年齢からみて家督相続、醤油営業鑑札の譲渡は、八兵衛の事業経営からの引退とはみなし難い。八兵衛名義の負債の累積が、家産全体に及ぶことを阻止するための方策の一つであったと見るのが妥当であろう。

醬油事業の経営で、会社形態が模索されていることも、この文脈の中において注目される。一八九五年、上菱醬油醸造合資会社（資本金四万五〇〇〇円）設立計画がたてられるが、この動きは結局、直太郎と東京の問屋筋との合作による、上菱醬油株式会社（資本金一〇万円、当初払込四万円）の設立に帰結した。関口家は、信次名義の醬油醸造にかかわる土地、建物、器械などを新会社に譲り渡し、信次（後見人・直太郎）が筆頭株主、直太郎が専務取締役、そして八兵衛は東京支配人として、経営にかかわることとなった。醬油業経営の資金不足を解消し、あわせて、関口家家産と事業との関係を明確にすることで、負債と事業経営とを分離することがはかられたといえる。

しかしそれは意図どおりの効果をあげたとはいいがたい。一九〇一年に、関口家が上菱醬油株式会社の信用力を利用するかたちで、自家の資金需要をまかなっていたことが発覚する。これを機に、関口直太郎、八兵衛は経営陣から退陣し、出資比率も大幅に低下することとなった。また、上菱醬油株式会社も、損失を計上する期が少なくなく、必ずしも順調な経営動向とはいえなかった。結局、一九〇九年に同社は解散し、同時に設立された上菱醬油合資会社が、事業を引き継ぐこととなった。同社の資本金は半額に減資されている。

累積赤字は結局、株主の負担によって処理されたのである。

その後も上菱醬油合資会社は停滞的に推移するが、第一次大戦期に入り、状況は一変した。大戦期の好況は、地方の中規模醸造経営にも「天佑《てんゆう》」となり、経営は急速に好転している。関口家（直太郎）の経営陣への復帰もはかられた。一九二〇年代前半にいたる時期、醬油経営（上菱合資）はひさびさの発展期を迎えたのである。

中規模経営への着地

しかし、明治期以来の醬油醸造経営の推移からいえば、この過程は、一八九〇年代の株式会社時代に生じた経営縮小を、大戦期とその後の好況のなかで、ようやく拡大基調へと回復させるにとどまるものであった。工場設備自体の規模は、一八九〇年代から大きく変化していない。当初、全国的にも上位に位置したこの経営規模は、一九二〇年代には、茨城県内でこそ最上層に入る規模ではあるが、数万石の生産水準に達した野田・銚子などの有力醸造家に比すれば、中規模に位置する水準にとどまった。近世来の蓄積によって関口家がつくりあげた醬油醸造経営は、そのまま一九二〇年代にまで持ち越され、結局、地方中規模醸造経営として定着したのである。関口家は、ふたたび醬油業経営を主たる活動に据えるが、それは有力醸造家・資産家としてではなく、中規模企業の、いわば経営者としての復帰であった。地域を代表する資産家から中小企業経営者へ――この軌跡は、有力産地外の醤油醸造家がたどる、一つのパターンであったといえる。

（谷本　雅之）

農村地域の中小醤油醸造家

地方市場と在地の醸造家

野田や銚子《ちょうし》など関東の大産地は江戸の人びとに醤油を供給し、都市の食生活と食文化に大きく貢献した。都市部にくらべて農村では、正月や婚礼など特別な行事をのぞけば、醤油を使う機会は少なかった。それでも江戸時代終盤の十九世紀を迎えると、比較的豊かな農民たちや町場の住民などを中心に醤油を使用する者がしだいに増え、農村の生活にも醤油が入り込むようになった。醤油需要の拡大に対応して各地に小さな醸造家が生まれ、在地の町場や周辺農村に向けて醤油の生産をはじめた。農村をも含む全国津々浦々での醤油利用の拡大を支えたのは、野田・銚子など大産地の大醸造家ではなく、実はこれら夥《おびただ》しい数にのぼる在地の醸造家たちであった。実際、江戸時代終盤から戦後まで、長期にわたって農村や地方都市の住民は在地の醤油に依存しつづけていた。

現在では全国どこでもキッコーマンを中心とする産地大メーカーの醤油が販売されている。そのため、昔から大メーカー製品が全国に普及していたかのような錯覚におちいりがちだが、こうした状況が本格的に形成されたのは戦後高度成長期であり、醤油の歴史でいえば比較的最近の話なのである。これら全国各地の小規模な醤油業者を抜きにして、野田や銚子あるいは龍野《たつの》などの大産地だけで醤油の歴史を語ることはとうていできないといえよう。

そこで以下では、農村市場に立脚した典型的な在地の醤油醸造家であった田崎《たざき》家（田崎醤油、茨城県真壁《まかべ》郡真壁町）を取り上げ、農村での醤油取引の特徴や、高度成長期まで中小醸造家が生き残った背景などを考えてみたい。

田崎醤油の創業

田崎家がどのような意味で地方醤油醸造家の典型といえるのか、その点から説明しよう。まず田崎家の創業についてだが、つぎのように記されている。

天明七年正月頃ならんと云ふも天保参年正月頃が確実なり、天保三年正月頃醤油製造を始め、明治の初年頃より小作料麦・豆全部を醬油として販売し、明治二十年頃よりは小作麦・豆にては不足し、原料麦・豆買入、醬油の製造を拡張せり。（田崎家史料「（大正十三年起　醬油醸造関係建築、器材等計算簿）」）

言い伝えでは一七八七（天明七）年創業だが、確実なのは一八三二（天保三）年だというのである。ただし、原史料では天明が天保に、天保が文久に加筆訂正されているので、正しくは創業の言い伝えが天保七年、確実なのが文久三年となる。

だが、この訂正はおかしい。同家には文化年間（一八〇四～一八）の醬油関係史料が残っており、天保・文久の創業はありえない。したがって、消去法では天明期の創業となる。ただ、これを証明する史料もないので、天明～文化期（十八世紀末～十九世紀初頭）の創業とラフにとらえておこう。注目されるのは、田崎家の創業が地方で醬油醸造がさかんとなる十九世紀初頭と重なる点である。田崎家は、地方農村部における醬油利用にいち早く対応して創業した草分け的な在地醸造家だったのである。

醬油造りに現物小作料として入手した大豆、小麦を使ったという記述も興味深い。醬油醸造は一年余りの発酵プロセスを含むため、投下資金の回収に時間がかかり、ある程度の資産がなければ経営は難しかった。地主が余業として営むケースも多かった。田崎家はこの点でも典型的であった。特に、同家のように麦・大豆の小作地があれば、小作料の小麦・大豆をそのまま利用できた。流動資本が節約できれば、事業の参入障壁はそれだけ低くなる。醤油醸造は、現物小作料を有効利用し、さらに付加価値の獲得が期待できるという畑地主にとっては有利な投資機会でもあった。

明治の農村醤油市場

創業から大正前半期までは、史料的制約から田崎家の醤油経営を詳しくは跡づけられない。ただ、残された史料は農村での醤油生産や取引について興味深い情報を提供してくれる。

たとえば、醤油の価格である。データが残っている時点はかぎられるが、明治初頭の一八七二年二月をみると、田崎醤油の製品は、一升あたり上六銭三厘、中三銭六厘、下二銭二厘ほどであった。醤油に三段階のランクがあったこと、価格もランクによって大きく違ったことがわかる。上物《じょうもの》と下物《げもの》の差は三倍近くに及んでいた。

これをほぼ同じころ（一八七三年十月）の大産地（野田・茂木《もぎ》佐平治《さへいじ》家）と比べると、野田では上醤油一升一二銭二厘、中醤油八銭三厘、下醤油六銭三厘であり、下醤油でも田崎醤油の上物と同等の価格であった。産地のブランド品はかなり高かったのである。

明治初年の一人あたり平均消費支出は衣食住すべてを含めても一日二三銭程度（一八七

五年）にすぎず、野田上物の一升一二銭という価格は庶民には相当に高価であった。まして所得水準が低かった農村部で醤油需要を喚起するには、もっと安い醤油が必要であった。田崎家には明治初年に上物より番醤油《ばんしょうゆ》（中《ちゅう》・下物）を多く製造していたことをうかがわせる史料も残っており、市場に見合った安い醤油を提供すべく努力していた。

では、これら安価な上物醤油や番醤油はどのように製造されていたのだろうか。まず、上物の場合、仕込みには小麦・大豆・食塩を一対一対一で使用した。麦と大豆はそれぞれ麦炒りと豆蒸しを施した後に麹菌《こうじきん》を加えて室《むろ》で発酵させ、最後に食塩水が加えられた。原料の比率や処理の基本的工程は、野田や銚子などの大産地と同じである。仕込まれた諸味《もろみ》は、約一年の熟成期間をへて圧搾《あっさく》され、最後に発酵停止のための火入れがおこなわれた。これら一連の工程も野田などと変わらない。こうして得られた生《き》醤油をそのまま製品化したのが上物醤油である。

中・下物醤油はこの生醤油に番水《ばんすい》を加えて製造された。番水というのは、生醤油の絞り粕《かす》に食塩水を加えてもう一度絞ったもののことである。明治期の圧搾技術には限界があり、たとえば田崎家の場合、明治初期の圧搾率は七割程度にとどまっていた。粕にはまだ相当の醤油成分が残っていたのである。番水製造は未熟な圧搾技術を補完する意味も持っていた。もちろん番水は食塩水でうすめられているから、生醤油とは大きく違う。そこで、番水と生醤油を混ぜ合わせて味を整え、低級の醤油として出荷された。その混合比率に応じて中物・下物の差が生じた。だから、品質には問題があったが、田崎の下物価格は野田上物の六分の一と圧倒的に安く、庶民でも比較的手軽に買える点に大きな魅力があった。

安い地方醤油と産地の銘柄醤油との間に価格差に見合う品質の差があったのかということも興味深い問題だが、少なくとも製法のうえでは大きな違いはなかったといえよう。もっとも、醤油の味は麹菌の相違や発酵管理など微妙な問題に影響されるし、質の評価には味覚という主観も入るので、明確な結論を出すのは難しい。

さて、農村で醤油はどのように販売されていたのであろうか。明治前期（一八八〇年）の真壁郡田村（田崎家のあった伊佐々村《いさざむら》の隣村）をみると、小田部庄右衛門《おたべしょうえもん》という小売商が醤油を取り扱っている。村内で醤油を扱ったのは小田部だけであった。ただし、小田部は醤油だけでなく、塩、青物、干魚乾物などの食料品から呉服太物《ごふくふともの》、履物《はきもの》、舶来品、紙筆墨硯《すみすずり》などにいたるまで、雑多な商品を取り扱っていた。現在の酒屋にあたる専門店はなく、村のよろず屋が醤油を扱ったのである。この年に田崎家のあった伊佐々村には小田部のように醤油を扱う商人が見あたらないが、これは田崎醤油が直接小売をおこなったためであろう。明治後期（一九〇四年）の田崎家醤油売上げをみると、直接小売が約三割、卸《おろし》売《うり》が残り七割をしめていた。なお、醤油の販売は現金ではなく掛売《かけうり》でおこなわれるのが通例で、盆と暮に累積した代金が回収・精算された。このため不況や凶作時には売掛金《うりかけきん》の回収が難しくなり、田崎醤油の経営を圧迫することになる。この点は後に改めて触れよう。

明治の田崎醤油

明治期における田崎醤油の経営がわかる史料はかぎられている。先にみた史料では、一八八七（明治二十）年ごろから規模拡大のために小作の麦・豆では不足し、原料購入をはじめたと記されていたが、正確には明治三十年代になって積極的拡大をはじめたようである。

醤油の仕込高をみると、明治初年から三十年ごろまではだいたい一五〇〜二〇〇石前後で増加傾向はみられない。田崎家は田畑・山林の地主経営、貸金業、醤油醸造を営んでいたが、所得中で醤油業がしめる割合は二十年代後半でも三分の一弱で、小作料収入が圧倒的なウェイトを持っていた。醸造業はまだ地主の余業という位置づけであったと思われる。

ところが、明治三十年代後半になると、一挙に醸造石高は倍近くの三五〇石前後に達した。醤油業の利益には変動があったが、規模の拡大に対応して利益額も増加傾向にあった。

一方、田畑の所有規模は、明治二十年代から昭和初年までほとんど変化がない。明治三十年代に入ると、醸造業以外の所得がわからないので確認できないが、土地所有規模は停滞していたので、小作料収入が拡大したとは考えにくい。したがって、三十年代以降、田崎家は地主経営ではなく、醸造業の利益を積極的に追求するようになったと思われる。判明するかぎりでは、明治期後半の醤油業収益は安定していた。この安定した収益が、醤油造りを地主の余業から田崎家の本業、つまり家業に押し上げる要因となったのであろう。

合資会社の設立

田崎家は醤油業を田崎醤油店という組織の下に営んでいた。しかし大正後期の一九二三年末に醤油店を資本金二万四〇〇〇円の合資会社に改め、翌二四年一月から田崎醤油合資会社として営業をはじめた。

合資会社化したといっても、社員二名はすべて家族というファミリー・ビジネスで、資本金もその時点の設備などを資産評価して出資とみなしたにすぎない。その意味で企業の実態に変化はなかったが、合資会社化とともに積極的な経営展開がみられるようになった点が注目される。たとえば、改組直後の大正末期における生産量は四〇〇石台で、明治後期と大きな差はなかった。しかし、その後生産量は一貫して増加し、一九三五年前後には六〇〇石台に達した。当時、生産量一〇〇〇石未満はほとんどが農村向けの中小醸造家であったといわれており、なかでも五〇〇石未満に多くの醸造家が集中していた。田崎醤油はこの五〇〇石ラインを超えるようになった。真壁町やその周辺農村を販路とする中小醸造家という田崎醤油の位置づけが変わったわけではないが、農村市場向け醸造家のなかでは比較的上層に属するようになった。

ただし、積極経営とは裏腹に収益は昭和期に入ると悪化した。大正末期（一九二四年）の合資会社営業開始から日中戦争期（一九三九年）までの一六年間をみると、黒字はわずか六年、利益の累計も一〇〇〇円程度にとどまったのに対し、赤字は一〇年におよび、損失の累計は二万円近くに上った。特に昭和恐慌（一九三〇年〜）の打撃は深刻で、三二年には一万円余りの繰越損失金を抱えるようになった。

マイナスが繰越されたのだから、借り入れた資金の返済も滞《とどこお》った。したがって、繰越損失の累積とともに負債も増加して固定化した。恐慌が最深部に達した一九三二年をみると、事業に利用できるはずの資金のうち四分の一近くにあたる一万円余りは繰越損失のカバーに使われ、醤油製造には利用できなくなっていた。

農村醸造家の苦境

田崎醤油の経営悪化を招いた要因は、経営方針うんぬんの問題というよりも全国的な景気低迷の影響、特に農村を覆いつづけた不況・恐慌によるものであろう。

合資会社化したのは慢性的な不況期といわれる一九二〇年代であり、日本経済は本格的な回復をみないまま世界恐慌に直撃されて一九三〇年代の昭和恐慌へと突入していった。この間、農産物の価格は、二〇年代前半こそ停滞的に推移したものの、後半に入ると下落をはじめ、小作農の収支は赤字に転落した。農村はすでに恐慌前から経済的苦境におちいっていたのである。恐慌はこの苦境に追い打ちをかけた。しかも、昭和恐慌の特徴は、鉱工業部門の回復の早さにくらべて、農業部門が長期の深刻な打撃に見舞われた点にあった。この結果、農村の消費水準は三〇年代半ばすぎまで低迷を余儀なくされた。一九二〇年代・三〇年代の不況・恐慌は都市向けの大規模醤油醸造家以上に、農村市場向けの中小醸造家の経営に長期にわたる深い打撃を与えたのである。

実際、昭和恐慌下に田崎醤油では回収できない売掛金が増大し、ついには顧客一軒ごとに甲乙丙《こうおつへい》の評価を付したリストを作成して不良顧客の選別をはじめるようになった。ここには農業恐慌に苦しむ農家・農村の姿と、その農家の狭間《はざま》で苦しむ農村向け醤油醸造家の姿がいわば二重写しのかたちで示されている。

他方、この景気低迷の間に醤油市場の構造も大きく転換し、そのことも田崎醤油のような農村向け醸造家の経営にさらに深刻な陰を落としていた。

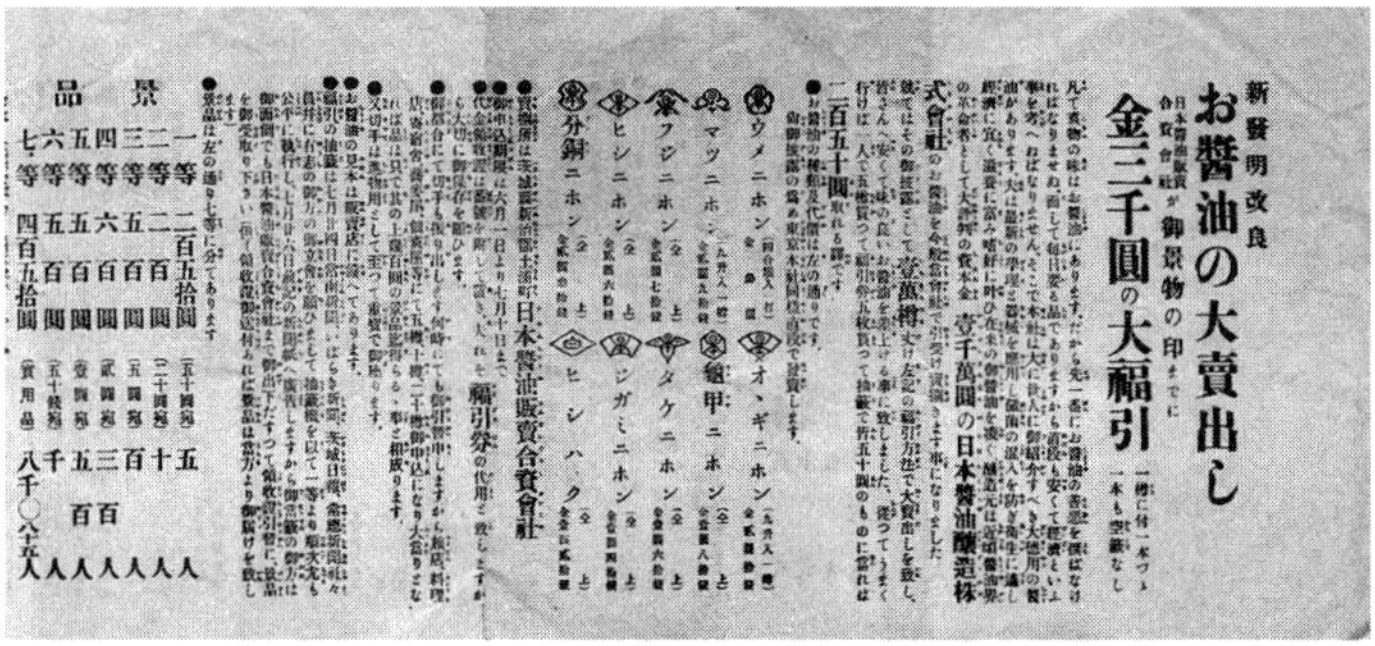

醤油販売合資会社の大売出広告（真壁町歴史民俗資料館所蔵）

市場転換のきっかけをつくったのは大都市向けの巨大醤油メーカーであった。最大手の関東三印《さんじるし》（キッコーマン、ヤマサ、ヒゲタ）は主力市場であった東京圏で醤油需要の伸びが限界に達したのをうけ、カルテルを結成（三《み》蔵《くら》協定）して東京での競争を抑制する一方、競《きそ》って地方市場、特に地方の都市市場へと積極的な進出を開始した。

三印製品の地方都市市場への進出は、農村市場を含む地方の市場全体に大きな波紋を巻き起こした。地方で比較的規模が大きい醤油醸造家の多くは所在地近くの地方都市を主要な市場にしていた。しかし、三印製品に地方都市市場を圧迫された結果、活路を周辺の農村市場に求める動きが強まった。この玉突きのような連鎖の結果、それまで比較的安定していた農村市場における醤油業者間の関係は大きく変化した。地方都市

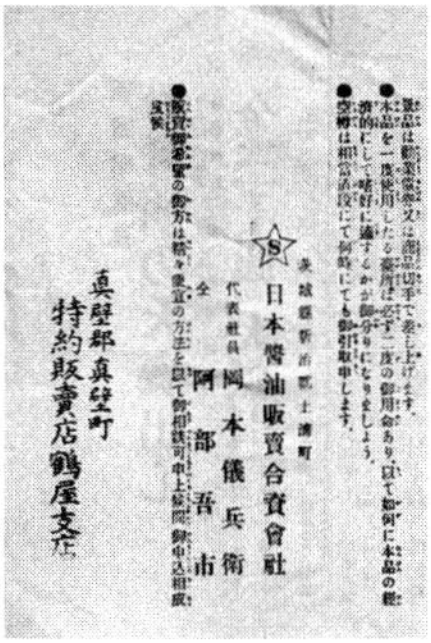

図10　日本

から進出してきた比較的規模の大きな醸造家と農村在地の中小醸造家との間で厳しい競合が繰り広げられることとなったのである。

加えて、大正末の一九二六年に醤油税が廃止されると上層の農家を中心に醤油を自家醸造する動きが現れはじめた。自家醸造の展開は、ただでさえ不況・恐慌下で醤油購入量が低迷するなかで、農村の醤油市場需要をさらに制約する結果を招いた。地方都市向け醸造家の農村進出とともにはじまった農村市場での厳しい競争は、このかぎられた農村醤油需要をめぐる激しい争奪戦の様相を呈したのである。

合資会社に改組した田崎醤油を待ちうけていたのは、こうした厳しい競合であり、その下で経営成績は低迷を余儀なくされた。もちろん、これは田崎醤油だけの話ではなく、同じように農村市場に立脚する中小醸造家にとって経営不振はいわば当時の常態であった。それどころか、農村市場向け中小醸造家の少なからぬ部分が、この競合に耐えきれず、消滅していったのである。

この厳しい経営環境のもとで田崎醤油は積極的な拡大政策をとり、多くの中小醸造家が破綻するなかで「生き残り」に成功した。では、「生き残り」戦略として、この積極策にはどのような意味があったのであろうか。

徹底した低級品化戦略

田崎醤油の積極政策のなかで、まず注目されるのは、拡大と並行して製品の構成に大きな変化がみられたことである。もう少し詳しく探ってみよう。

田崎では、もともと上物「富士庄《ふじしょう》」、中等品「亀甲庄《きっこうしょう》」、並物《なみもの》「山庄《やましょう》」という三つの醤油銘柄を製造していた。ところが、昭和恐慌が本格化する一九三〇年以降は「ヒゲ福」、「山菱」、あるいは銘柄なしの「下物」などといった新たな製品がつぎつぎに造られるようになった。これらの特徴は、従来の最低級品であった並物「山庄」よりも番水《ばんすい》や味付け用のアミノ酸の混合率が高いこと、つまり品質的に劣っていたことであった。

低級品の銘柄数が増えただけではなかった。恐慌の勃発とともに、田崎醤油は中物や並物といった中級・低級製品の製造量を抑えて最低級の下物製造を拡大させていたが、長引く農村恐慌のなか、一九三五年からはそれまで維持してきた上物の製造まで制限して、いっそう下物の生産量を増やしていった。

しかもこの間に、同じ銘柄であっても、番水やアミノ酸の混合率を増大させて、品質を低下させていた。その場合、たんに番水の混合率が高められただけでなく、番水の品質自体も劣化していた。醤油粕一貫から搾り出される番水の量が増大をつづけたことは、二番搾りにとどまらず三番搾りまでおこなうようになったことを示唆している。

このように、田崎醤油は、徹底した「低級品化戦略」で恐慌に臨んだ。並物・下物といった低級品は、一九三三年では全体の二割程度であったが、三七年以降は六割を超えるようになった。

低級品化のねらい

では、この低級品化戦略にはどんな意味が込められていたのだろうか。注目されるのは低級品の価格である。たとえば、一九三四年をみると、並物（「亀甲庄」が並物化）は自家醸造費用を若干上回る程度、下物《げもの》の上層（「山庄」が下物化）は自家醸造と同じか少し下回る価格が付けられていた。もっとも低級であった下物下層（「ヒゲ福」など）の価格はわからない。しかし、質から考えて「山庄」よりも安価であり、自家醸造の費用すらかなり下回る極端な低価格であったとみられる。つまり、並物や下物などの低級品は、自家醸造のコストと同じか、それを下回る価格だったのである。つまり、これらの低級品は、現に自家醸造をおこなっている農家や自家醸造か醤油購入かの選択を迷っているような農家に対し、その購入意欲を強く刺激する低価格の醤油であったことがわかる。

ただし、注意しなければいけないのは、醤油を自家醸造できるのは比較的余裕のある階層の農家にかぎられていたことであり、また昭和恐慌下の農村には自家醸造などとても不可能な低所得の農家があふれていたことである。その点では、最低級品（下物下層）が自家醸造費用すらかなり下回る極端な低価格で販売されていたことが興味深い。ここには、恐慌の打撃で醤油市場の圏外へと転落した階層の需要をふたたび掘り起こそうとする田崎醤油の意図が込められていたとみることができる。

恐慌下で自家醸造に追い込まれた階層に対しても、また醤油の利用自体が難しくなった低所得者層に対しても、購入可能なかたちで醤油を提供し、その消費を喚起すること、ここに低級品化戦略の狙いがあったのである。

もちろん、昭和恐慌下で田崎醤油の経営は赤字続きであったから、この低級品化という戦略がもたらした成果には限界があった。しかし、農村不況の一九二〇年代後半から農業恐慌の三〇年代へとなだれ込むなかで、農家経済はぎりぎりの状態まで追いつめられていった。三〇年代に入ると、小作農のみならず自作農の収支も赤字に転落した。こうした極

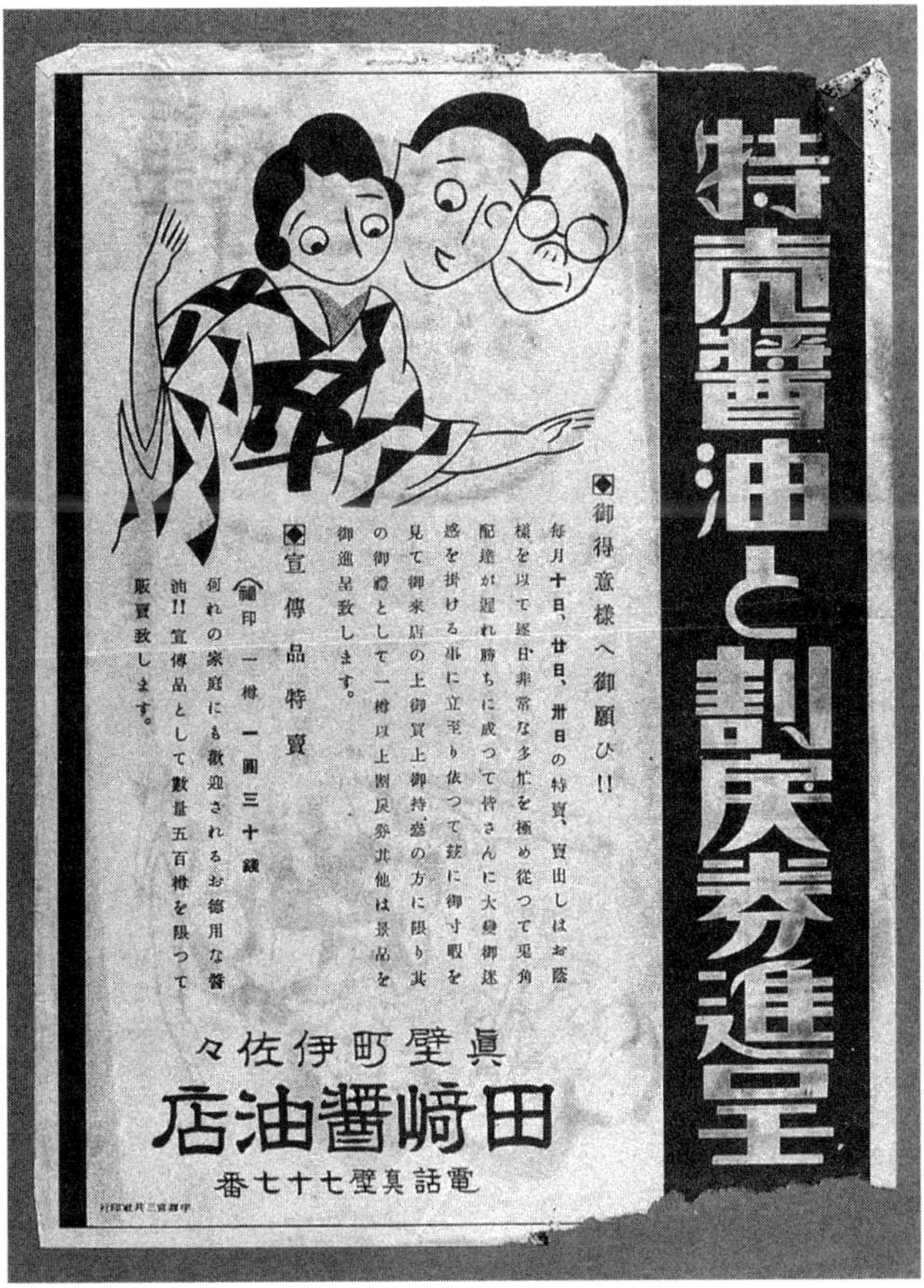

図11　田崎醤油店の特売広告（真壁町歴史民俗資料館所蔵）

端な所得の制約が存在するなかで、醤油に求められたのは品質よりも価格の安さであったことはいうまでもない。その意味で田崎醤油がとった戦略は、合理的な対応であった。旧態然とした生産方針（上級品・中級品中心主義）のまま恐慌に臨んだならば、その経営的な打撃ははるかに深刻なものになったはずである。事実、恐慌下の茨城県内では自家醸造の影響は深刻であり、「農村ニ販路ヲ有セル者（醤油醸造業者）ハ販路全ク途絶ノ有様ナリ。……昭和八年中ニ右事情ノ結果廃業セルモノ六〇戸アリ」と報告されていた。

一九二〇・三〇年代の経済変動と醤油業界の構造再編のもとで、多くの農村市場向けの中小醸造家が廃業に追い込まれた。しかし、この事実を逆から評価すると、かなりの数の在地醸造家が田崎醤油のように生き残ったともいえる。彼らの多くは田崎と同様に低級品化、低価格化を進めたと推測されるが、「生き残り」の要因は生産戦略だけにあったわけではない。

農村醸造家を支えた地域ネットワーク

そこで注目されるのが、在地における経済取引の強固なネットワークの存在である。たとえば、大正末期の一九二五年度に田崎醤油が使用した原料小麦の約六割は、醤油販売における地元の得意先や田崎家の小作人から仕入れられ、この比率は大豆でも四割近くに達した。この場合、得意先とは相互に商品を購入し合うという双方向の顧客関係にあった点が興味深い。また小作人からの購入分は低価格であった。

こうした地域に根ざした取引関係は、醤油販売の面でもみられた。たとえば、大正後半期には、差引取引、つまり田崎が売った醤油代金と田崎がその販売先から購入した商品の代金を差し引きして差額を精算する取引方法が多くみられた。この場合にも、双方向の顧客関係が成立している。この差引取引は、上述の原料（小麦・大豆）購入の一部でもおこなわれたが、それにとどまらず、魚・砂糖・牛乳などさまざまな日用品にまでおよんでいた。珍しいところでは朝顔鉢代《あさがおばちだい》との差引もおこなわれている。大正後期に田崎は真壁郡内に六九軒の醤油得意先を有していたが、その三分の一近くにあたる二一軒と差引取引で代金を精算していた。

これらは、田崎醤油が在地におけるさまざまな経済取引と深く結びついた経営をおこなっていたことを示している。こうした特徴は、田崎醤油と同様の農村市場向け在地醸造家の経営に共通するものであろう。

このような地域における緊密なネットワークの存在から推測されるのは、そこに域外から新たに割り込むのは困難だということである。たとえば、長年の相対《あいたい》取引を通じて、ネットワーク内部には取引相手にかんするさまざまな情報（製品の品質や相手の信用など）が蓄積されており、また内部者にとって情報収集のための取引コスト（手間）はゼロに近い。一方、新規参入者は新たな取引相手が取引先として適切か否かを事前にスクリーニング（審査）する必要があり、そのためには一定のコストを要した。また、在地の経営者同士であれば、取引先の経営状況の変動などについて常にモニター（監視）するのも容易である。しかし、域外から参入した場合、そうしたモニタリング・コストも相対的に高くなる。さらに、域外からの参入者に対しては、差引取引など双方向の顧客関係の存在が障壁となった。互恵的《ごけいてき》な顧客関係は、購入先の変更を相互に抑制する機能を果たしたからである。また差引取引は、恐慌によって売掛金の回収が困難になるなかで、お互いに回収リスクを低下（売掛金の一部を現物で回収）させられるというメリットももっていた。域外からの参入者との取引は、この差引取引のメリットを失うことを意味した。

したがって、地方都市向け醸造家の農村市場への進出は農村の醸造家にとって脅威ではあったが、その参入には予想以上の困難がともなっていた。単にブランド・品質・価格という通常の競争手段に訴えるだけでは十分ではなく、こうした在地のネットワーク構造自体を掘り崩していく必要があったからである。農村向けの中小醸造家が淘汰《とうた》されていくなか、相当数の在地醸造家が生き残ることができた背景として、こうした在地におけるネットワーク構造の存在は大きな意味をもっていたと考えられる。

地方資産家と家業意識

「生き残り」の条件として付け加えておきたいのは、田崎家が醤油業に強い家業意識をもち、その存続を家にとって最重要の課題と位置づけていたことである。この点について、故田崎庄蔵氏は、当時の苦しい経営環境のなかで「先祖から受け継いだ事業を自分の代でつぶすわけにはいかない」という想いを強く抱いたと証言している。連続する赤字のもとで、それでも諦めず、低級品化の徹底など経営回復をめざす懸命の努力がつづけられたのは、こうした想いに強く規定された結果であろう。醤油醸造が地主の余業的な位置を脱して、田崎家の主業となったのは、明治後半期ではあったが、おそらく庄蔵氏にとって醸造業は、江戸時代から連綿とつづく家業として認識されていたのであろう。

この強い家業意識は、危機におちいった会社を守るために家の資産を動員するという行動にも結びついた。田崎家では、醤油会社の損失補塡のために、恐慌期以降、累計で約八〇〇〇〇円にものぼる資金を会社に拠出して、バランスシートの悪化を食い止めようとした。拠出された資金がいかに生み出されたのかは明確ではないが、有価証券や山林などなんらかの家産が処分されたことは間違いあるまい。つまり、他の家産を犠牲にしても家業たる醤油醸造業を守ろうとしたのである。

もちろん、田崎家が村内で有数の資産家であったからこそ、こうした行動をとることができたのであり、家業意識だけで可能になったわけではない。ただ、ある程度の資産がなければ醤油醸造を営むのは困難であり、事実としても中小醸造家の多くが地主など地方の資産家であったことを考えると、田崎家のように家産の動員によって淘汰《とうた》を免れたケースは少なくなかったと考えられる。つまり、強い家業意識と資産家としての経済力とが結びついていたことが、在地の中小醸造家が根強く残りつづけた重要な基盤となったのである。

戦後の中小醸造家

一九二〇・三〇年代という醤油業界の激動のなかを生き残った田崎醤油は、戦時の試練を乗り越え、戦後に経営を連続させることに成功した。戦後の中小醸造家については、まだほとんど解明が進んでいないので推測の域を出ないが、高度成長期に入ると、それまで経営を維持してきた在地中小醸造家の多くが苦況におちいり、廃業に追い込まれたようである。その点では、ここで取り上げた田崎醤油も同様であり、高度成長期後半の一九六七年にはついに醤油業から撤退した。

高度成長期という長期にわたる未曾有《みぞう》の好況が、何故《なにゆえ》に在地中小醸造家の経営にマイナスの影響をおよぼしたのか。この点自体、今後解明すべき課題ではあるが、考えられる要因をいくつかあげておこう。

第一に、高度成長期に農村から都市に大規模な人口移動がおこったことである。奇跡の成長によって工業労働力の需要が急増し、「集団就職」などの回路を通じて大都市に人口が集中した。逆にいえば、農村の人口が大幅に減少し、農村における醤油需要は縮小を余儀なくされた。第二に、生活水準が顕著に上昇し、それにともなって食生活の洋風化が本格的に進んだことである。食生活の洋風化によってソース、ケチャップ、マヨネーズなどの調味料が庶民の家庭に入り込み、伝統的な調味料である醤油のライバルとなった。さらに、生活水準の上昇は使用する醤油の選別につながり、格付の上で下位にランクされた在地中小醸造家の製品は販売が難しくなった。第三に、一九六〇年代以降のスーパー・マーケットによる流通革命の進展が、在地醸造家の衰退を加速した。スーパーではキッコーマンなどの有名メーカーの醤油を中心に扱い、消費者は在地の酒屋ではなく、スーパーで安く最上醤油が購入できるようになった。在地近辺の酒屋を拠点に販売をおこなっていた地元の醤油醸造家は、販売チャンネルの点でもしだいに追い込まれていった。高度成長の経済効果は在地の中小醸造家には波及しなかったどころか、マーケットの縮小、大手醸造家の進出、流通チャンネルの喪失など負の経済効果がもたらされた。

しかしながら、現在、全国にはまだ二五〇〇社にものぼる醤油醸造業者が存在している。高度成長は中小の醤油業者に強い淘汰圧を加えたが、圧力に耐えて生き残った経営も全国各地にみられたのである。そして、昨今の自然食品ブームは、「手作り」を基本とする中小醤油業者に新しい活路を拓《ひら》き、同時に地域の文化として中小メーカーの醤油が見直されている。在地の醤油業者が大メーカーにない個性を発揮できる時代が到来しつつあるといえよう。

（花井　俊介）

北部九州の醬油

醤油の味のちがい

醤油さまざま

日本国内、あちこち旅行してみると、「行く先々で」と言っていいほど醤油の味に違いがあることに気がつく。濃いつゆに浸かった伊勢うどんを食べたとき、福岡で玄界灘のおいしい魚をややどろっとした甘めの醤油で食べたとき、あるいは南九州で黒砂糖の入ったもっと甘い醤油を味わったとき、ちょっとした驚きやカルチャー・ギャップを感じた経験のある人は少なからずいることであろう。

表16は、どの地域で造られた醤油がどの地域へ売られたかを示したものである。これを見ると、各地域で造られた醤油はほとんど例外なく、自地域へ最も多く売られていることがわかる。つまり醤油は「地産地消」的な性格の強い調味料なのであり、それぞれの土地

表16　地方別醤油生産と販売先

（単位：1,000kℓ，1,000kℓ未満は切り捨て）

	北海道	東北	関東甲信越	北陸	東海	近畿	中国	四国	九州	合計
北海道	**33**									33
東北		**69**								69
関東甲信越	13	27	**408**	1	26	8	2	4		489
北陸				**21**	2					23
東海			11	14	**86**	8				119
近畿			7	8	26	**133**	20	16	15	225
中国							**37**		1	38
四国			3		5	28		**23**	7	66
九州			2			1	4	1	**128**	136
合計	46	96	431	44	145	178	63	44	151	1198

左欄は生産地(出荷元)，上欄は受入地(出荷先)である。(『図説・日本の食品工業』株式会社光琳，1990年より)

の人たちはその土地の醤油を使用し、他地域の醤油をなかなか受けつけない、逆にその土地の醤油は他地域にはなかなか入り込めない、といったことが、こういったデータからうかがえるのである。約一〇年前のデータではあるが、現在も状況はほとんど変わっていない。なお「合計」すなわち日本全体での醤油生産高ざっと一〇〇万キロリットル（五五五万石）という数字は、一九五五（昭和三十）年ごろからほとんど変わっていない。このことは醤油市場が頭打ちであることを示しているともいえるが、逆に安定

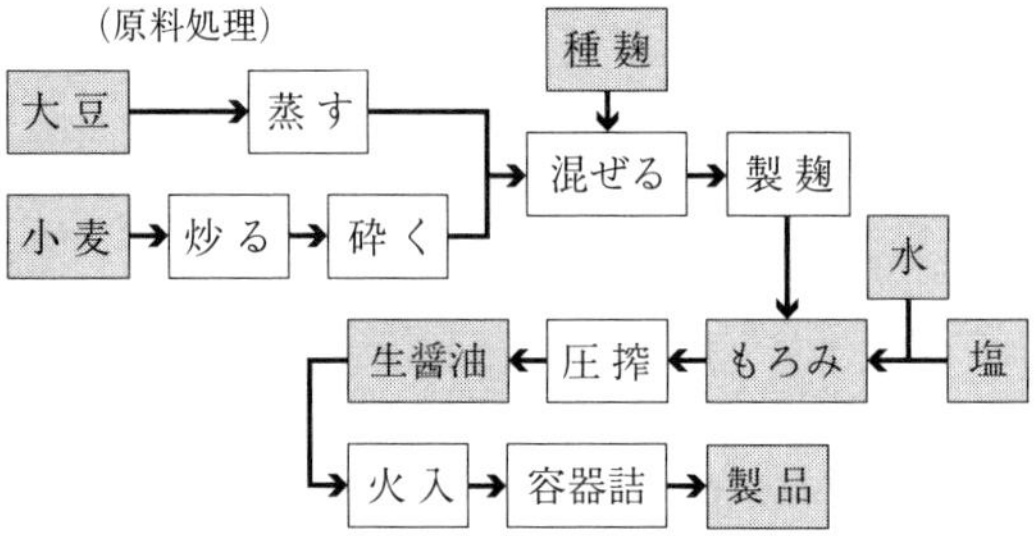

図12　濃口醤油の製法

性を示しているともいえよう。ちなみに、九九％は国内で消費されているから、今現在の一人あたり年間醤油消費量は、大人から子供まで均《なら》して約八リットル（四升五合）である。昭和三十年ごろは今より人口が少なく、約九〇〇〇万人程度であったので、一人平均で一〇リットルは消費していた計算になる。

ところで現在日本には約二〇〇〇もの醤油メーカーが存在し、それぞれが独自の麹菌《こうじきん》を使用したり造り方に工夫をしているので、醤油の味はメーカーごとにみんな違うといっても過言ではないが、大別すればつぎの五種類に分けることができる。①濃口《こいくち》醤油、②淡口《うすくち》醤油、③溜《たまり》醤油、④白醤油、⑤再仕込《さいしこみ》醤油。これらは、①を除いてそれぞれ地域的偏《かたよ》りをもって存在しており、歴史的経緯をへて今日にいたっている。以下、それぞれの醤油の性質、地域性や、歴史的経緯などについて簡単にみたうえで、ここでのテーマである北部九州の醤油について詳しくみていくことにしよう。

濃口醤油

日本の醤油のなかで最も ポピュラーな、文字どおり色も味も濃い醤油で、現在日本で造られている醤油の約八〇%をしめる。あらゆる用途に用いられ、醤油の基本型ともいえる。製法は図12のとおりで、同量の大豆と小麦をそれぞれ蒸し、炒《い》って砕き、混合して麹菌を植え付ける。五日ないし一週間ぐらいたってから、それらを桶《おけ》に入れた塩水に注ぎ込み（仕込）、その桶の中を約一年、毎日攪拌《かくはん》しつつ諸味《もろみ》として発酵《はっこう》、熟成するのを待つ。諸味が熟成したら、それを布袋に入れて圧搾器《あっさくき》にかけ、醤油を搾《しぼ》り出す（生醤油《きじょうゆ》）。最後に加熱処理をし（火入《ひいれ》）、樽《たる》に詰めて製品としての醤油ができあがる。科学的管理法や技術の発達した今日では、全工程が数ヵ月短縮されている。

さて、この醤油の起源は明確ではないが、吉田元氏や吉田ゆり子氏の研究によれば、こういった製法で造られる醤油の史料上の初見は中世末の『多聞院日記《たもんいんにっき》』だという。しかしこのような醤油造りが産業として成り立つのは近世に入った十七世紀半ば以降で、現在の主要濃口醤油メーカーである関東のキッコーマン、ヤマサ、ヒゲタのもととなった造家《つくりや》はいずれもそのころに創業している。

淡口醤油

関西を中心に造られ、使用されている醤油で、日本国内の醤油生産量の一五％程度をしめ、濃口醤油につぐ。色・香りは薄いが、塩分は濃口醤油よりも濃い。そのような性質から、つけ醤油やかけ醤油としてよりも煮物、吸い物、鍋物によく用いられる。製法は基本的に濃口醤油と同じだが、小麦の炒り方を浅くしたり、塩を多めに配合したり、熟成期間を短めにすることによって発酵作用を抑え、色を薄くしている。一六六六（寛文六）年、播州龍野《ばんしゅうたつの》の円尾《まるお》孫右衛門によってはじめられたと言われる。近世後期の一八〇九（文化六）年には甘酒を使用する製法も発明された。甘酒を用いるのは、京料理でよく用いる味醂《みりん》と合うからだという。

溜醤油

おもに愛知・岐阜・三重の東海三県で造られ、使用されている醤油で、日本国内の醤油生産量の約二％をしめている。濃口醤油よりもどろっとして色も味もさらに濃く、つけ醤油や照り焼きに主として使われる。製法は、前述の濃口醤油の製法から小麦を除いたものと考えればよい。すなわち穀物原料としては基本的に大豆のみしか用いないのである。大豆という単一の穀物から造られるという意味で、原初的な「穀醤《こくしょう》」から派生したことが想定され、醤油の原点ともいわれる。ただ、商品化されたのは一六九九（元禄十二）年であるとする説もある。

白醬油

溜醬油と同じく東海三県でおもに造られ、使用されている醬油で、国内の醬油生産量の〇・五％足らず生産されている。色がほとんどなく、透明に近いことからこのような名がついている。淡泊な味と香りで、つゆ、吸い物、鍋料理などに使われる。製法は溜醬油と正反対、すなわち穀物原料としては小麦のみ用いて造る。起源については、一八〇二（享和二）年に三河国新川《しんかわ》の現ヤマシン醬油からはじまったとする説、一八一一（文化八）年に尾張国愛知郡山崎村ではじまったとする説などあるが、いずれにしても十九世紀初頭に現在の愛知県下ではじまったということになる。ただ、これも溜醬油同様、「商品」としての起源はともかく、単一の穀物を原料とするという点で穀醬に近いともいえ、もっと古くまで遡《さかのぼ》れる可能性は否定しきれない。

再仕込醬油

主として西中国から北部九州にかけて生産、使用されている醬油で、別名「甘露《かんろ》醬油」とも言われる。その生産量は国内の醬油生産量の一％足らずである。ややどろっとして濃く、甘味を帯びているので、甘露煮や刺身・すしなどのつけ醬油として利用される。製法は、先に紹介した濃口醬油の製法の「塩」の部分が「醬油」に代わると考えればよい。すなわち、すでにできあがった醬油（濃口）を使って仕込むのである。また仕込期間も通常二年間と長い。このような製法から、価格も高く、贅沢な醬油といえる。甘味については、近年ではアミノ酸を用いて甘くしているメーカーもあるが、もともとは小麦すなわちデンプン質の分量を多めにし、しかも熟成期間を長くすることによって引き出したのではないかということが、あるメーカーからの聴き取りによってうかがわれた。起源は近世後期の天明年間（一七八一～八九）、防州柳井《やない》の造《つくり》家《や》四代目高田伝兵衛が岩国藩主に献上したのがはじまりであるという。以後西の方向、すなわち北部九州方面に伝わっていった。柳井の名物として定着し名声を馳《は》せたことは、一九〇〇（明治三十三）年作の「鉄道唱歌」の中に「風に糸よる柳井津《やないづ》の港にひびく産物は甘露醤油に柳井縞《じま》からきうき世の塩の味」と謳《うた》われていることからもうかがわれる。

江戸時代の経済発展と醤油醸造業

以上、現在日本で造られている主要な醤油五種について簡単に紹介してみた。これらの起源と今日にいたるまでの歴史的経緯についてはよくわからないこともあるが、これまで言われていることから、一応つぎのようにまとめることができるのではなかろうか。すなわち、醤油の源流である「醤《ひしお》」から、中世末ごろに液汁分を調味料として用いる今日の濃口醤油の原型ができ、近世に入って十七世紀後半ごろに、今日の「濃口」「淡口」「溜」の代表的メーカーにつながる造家が創業し、醤油醸造業が産業として成立した。そして近世後期の十八世紀後半ごろから、食文化が豊かになるにつれ、再仕込醤油や白醤油が発明されたり淡口醤油に甘酒を配合する製法が考案されるなど、醤油にバラエティーが生じ、前から存在する醤油と併せて、今日存在する五種類の醤油が出揃った。

このように、醤油史上、十七世紀後半と十八世紀後半は重要な画期になっているように思われる。これらの時期は江戸時代の経済発展を考えるうえでも重要な時期である。すなわちそれぞれ、江戸初期の急速な経済発展期と、十八世紀初・中期の停滞期をへた後の江戸後期の再発展期に対応しているのである。

さて、前置きが長くなってしまった。それでは北部九州の醤油の歴史を見ていこう。

（井奥　成彦）

明治期の地誌・統計に見る北部九州の醤油醸造業

図13は、統計が作成されるようになった明治期に入ってからの北部九州各県の醤油生産量の推移を示したグラフである。これを見ると、明治二十年代前半の落ち込みを除いて各県ともほぼ順調に生産を伸ばしている。とりわけ福岡県の醤油生産量は常に北部九州全体の生産量の過半をしめて圧倒的に多く、ついで大分県が多い。大分県には臼杵《うすき》のフンドーキンやフジジンなど、名を知られたメーカーが存在するが、福岡県にはおよばない。福岡県は現在でも都道府県別醤油生産量で全国一〇位以内に入っているが、このころには五位ぐらいの位置にいた。全国でも有数の醤油醸造県であったのである。そこでここでは、北部九

図13　北部九州各県醤油生産高の推移

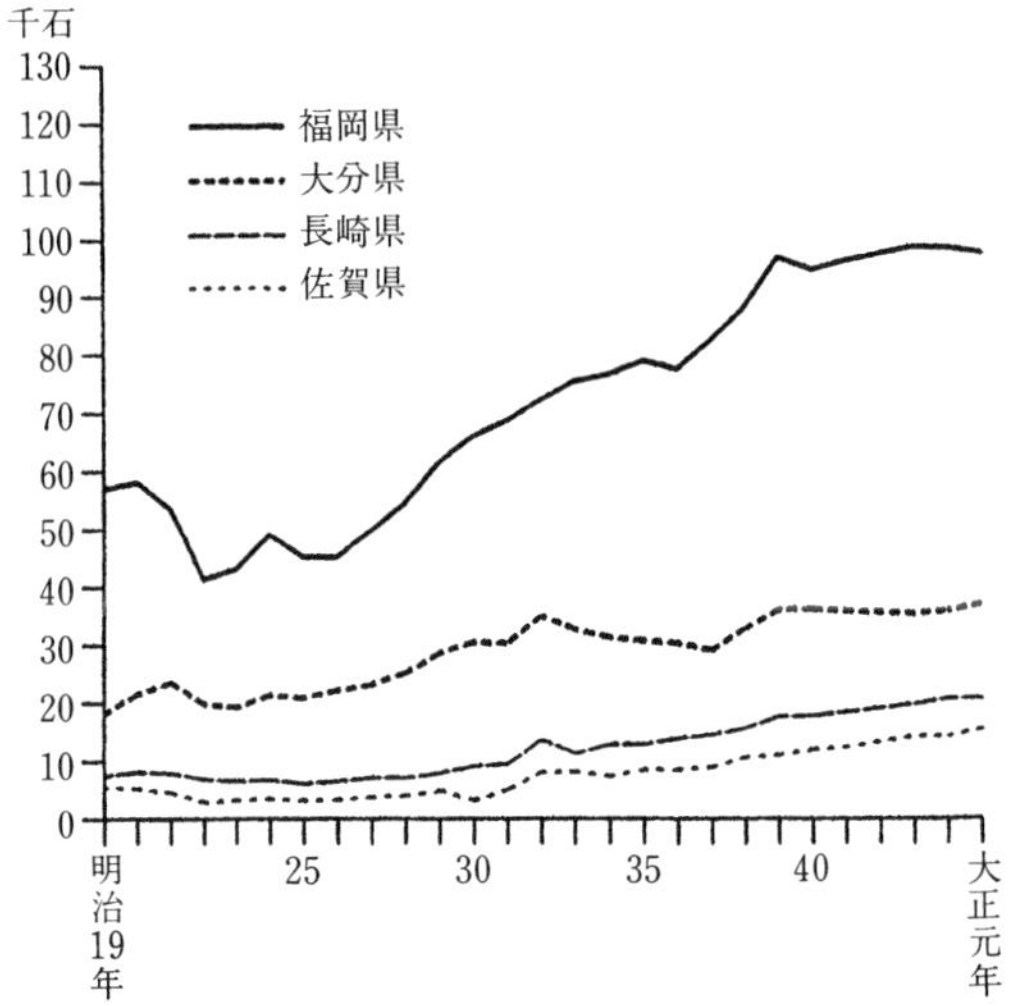

各年『日本帝国統計年鑑』によって作成。

州のなかでもこの福岡県を重点的に取り上げ、そのなかで醤油醸造業者がどのように存在し、経営活動を展開していたのかを見てみよう。

近代福岡県の醤油醸造業

表17は明治初年と大正末年とで、福岡県内（ただし明治初年のデータは旧筑前《ちくぜん》国部分のものであるので、大正末年も対象地域をそれに合わせた）にどれぐらいの醤油を造る業者がどれだけ存在したかを示したものである。明治初年といえば福岡県の醤油醸造高がいまだ全国で上位には達していない時期であった。一〇〇〇石以上造る造家《つくりや》はな

表17　明治初・大正末年福岡県（旧筑前国部分）醤油醸造業者階層表

石高	明治初年	大正末年	系譜のつながるもの 明治初年	系譜のつながるもの 大正末年
2001～		10		4
1001～2000		14		3
501～1000	1	33		2
201～ 500	11	73	4	11
101～ 200	4	46		6
51～ 100	12	19	4	2
～ 50	105	11	25	3
不明	59	61	9	11
計	192	267	42	42

「福岡県地理全誌」，『大日本酒醤油業名家』東京酒醤油新聞社，1925(大正14)年によって作成。

く、一方、五〇石未満の造家が過半をしめている。このころの日本人一人あたりの販売醤油消費量は、大人から子供まで均して年間二～三升程度であったので、五〇石といえばだいたい二〇〇〇人程度の需要しか満たしていなかったことになる。一〇〇〇石でも四万人程度である。同じ時期、たとえば関東の大醸造家ヤマサ醤油などは造石《ぞうこく》高《だか》二〇〇〇〇～三〇〇〇〇石にも達していたことを考えると、この時期の福岡県の醤油醸造家は全体として零細であったといえよう。

ところが約五〇年後の大正末年になると、造家数がぐっと増え、造石高の分布も上方へシフトしている。特に二〇〇石から五〇〇石の間にもっとも集中している。二〇〇〇〇石を超える造家が一〇軒を数え、そのうち最大は日本調味料醸造株式会社（現ニビシ醤油）の四一一八石であった。もっともこの時期、日本最大の醤油メーカーであった野田のキッコーマンの造石高は四二万石にも達し、二位の銚子のヤマサも一八万石に達していた。福岡県が醤油生産で上位にあったとはいえ、日本最大の産地千葉県からは大きく水をあけられていたのである。

この大正末時点で県内（現在の福岡県域）の地域別醤油生産量を見ると、一位は福岡市で、県全体の生産量約一五万五〇〇〇石のうち約二万二〇〇〇石をしめ、二位は嘉穂《かほ》郡で約一万九〇〇〇石、三位は糟屋《かすや》郡で一万一〇〇〇石余、以下四位山門《やまと》郡一万石余、五位鞍手《くらて》郡一万石足らず、六位遠賀《おんが》郡九〇〇〇石足らず、七位田川《たがわ》郡九〇〇〇石足らずとつづく。福岡市のような大都市で生産量が多いのはわかるが、特徴的なのは、嘉穂・糟屋・鞍手・遠賀・田川といった産炭地が上位に入っていることである。遠賀郡はまた、八幡製鉄所という近代的な大工場のあったところでもある。近代の福岡県の産業は鉄と石炭に代表されると言われるが、それらの産業の発達にともなって人口が増え、所得も増え、醤油に対する需要が高まって、醤油醸造業も発達したことがうかがえる。近代産業と在来産業が共生しつつ発展していく近代日本の経済発展のあり方を象徴しているようでもある。

なお各地域の一造家あたりの平均醸造規模を見てみると、福岡市が一〇〇〇石足らずで最も大きく、同市の醤油醸造業は少数の比較的大規模な造家によって支えられていたが、逆に前述の産炭地はいずれも二〇〇石～三〇〇石台で、多数の小規模業者によって支えられていた。そのうち糟屋郡を除く郡は遠賀川本支流が細かく枝分かれする筑豊《ちくほう》盆地にあり、近世以来水運の拠点ごとに商品生産が小規模ずつながら発展したところであった。そういった地理的・歴史的前提のうえに、近代になって炭鉱があちこちに急増したことで、右のような醤油醸造業者の存在形態ができあがったものと思われる。

自家用醤油醸造

ところで、今では醤油は「買うもの」となっているが、近世～近代の日本においては、自家で醤油を自給自足的に造ることもおこなわれていた。それがどれぐらいであったかを数量的に把握することのできるデータは得難いが、私が以前ヤマサ醤油に調査に行ったときに、一九〇九（明治四十二）年の全国の自家醸造の状況がわかる史料を目にすることができた。それは、自家醸造のようなごく小規模な醤油醸造にも醤油税がかけられることになったことにともなう税務署の調査をヤマサが入手したもののようであるが、それによると、全国で自家醸造をしていた家は実に一六〇万軒近くにおよぶ。一位は鹿児島県で約一〇万五〇〇〇軒、二位は熊本県で約一〇万一〇〇〇軒、三位は福岡県で約八万八〇〇〇軒、四位は長崎県で約八万四〇〇〇軒と、ここまでを九州各県がしめる。全体として愛知県以西の西日本への偏《かたよ》りが著しい。

つぎに全戸数に対する自家醸造戸数の比率をみると、一位は佐賀県で約六五%、二位は宮崎県で約四九%、三・四・五位はそれぞれ鹿児島・長崎・熊本県で、いずれも約四七%であった。佐賀県では三分の二近く、宮崎・鹿児島・長崎・熊本県で半分近くの家で自家醸造をおこなっていたことになる。こちらの数値も同様に西日本、特に九州が上位をしめている。逆に東日本各県をみると、山梨の二三・五%が最高で、長野・山形・千葉が一〇%台であるほかは、軒並み一ケタ台となっている。

自家醸造は都市部ではほとんどおこなわれず、おもに農家でおこなわれたものである。その評価については、販売用醤油が買えないからおこなったのだという消極的評価もあるが、作物に余剰がなければおこなえないだろうし、時間、精神面を含めいろいろな面でゆとりがなければできることではないだろう。

ともかく、ここでみている福岡県も醤油の自家醸造がさかんだったのであり、このことは、販売目的で醤油を造る業者にとっては生産・販売活動を制約する大きな要因となったと思われる。

さて、これまでは近代福岡県の醤油醸造業を大まかな数量データによってみてきたが、ここで一つ、個別経営体の具体的な経営事例を見てみよう。

個別経営事例——福岡市・松村家の経営

ここで取り上げるのは、旧福岡市紺屋町《こうや》（現、福岡市大名《だいみょう》）の松村家である。松村家はもともと近世期から質屋・酒造・味噌造・古手《ふるて》・木綿商いなどをおこなっていた商家であるが、一八五五（安政二）年にいたって醤油醸造業を開始した。当初の造石高は二〇〇石程度と思われるが、その後急速に造石高を伸ばし、明治末には一〇〇〇石を超えている。さらに大正末年には二五〇〇石近くになって、県内第三位の造家となった。このころ個人商店から合名会社となっている。さらに一九三五（昭和十）年には出荷高七〇〇〇石を記録した。一九八九（平成元）年には株式会社ジョーキュウとなり、現在でも福岡県第三の醤油メーカーとして健在である。

同家に残る醤油醸造関係史料は多くはないが、明治末から大正初年にかけての三冊の帳簿を中心に、主としてどのようなところに同家の醤油が販売されていたかを見てみよう。

先にみたように、この時期の松村家の造石高は一〇〇〇石程度であった。このころ日本人一人あたりの販売醤油の年間消費量は四升を超えていたので、二万五〇〇〇人分という

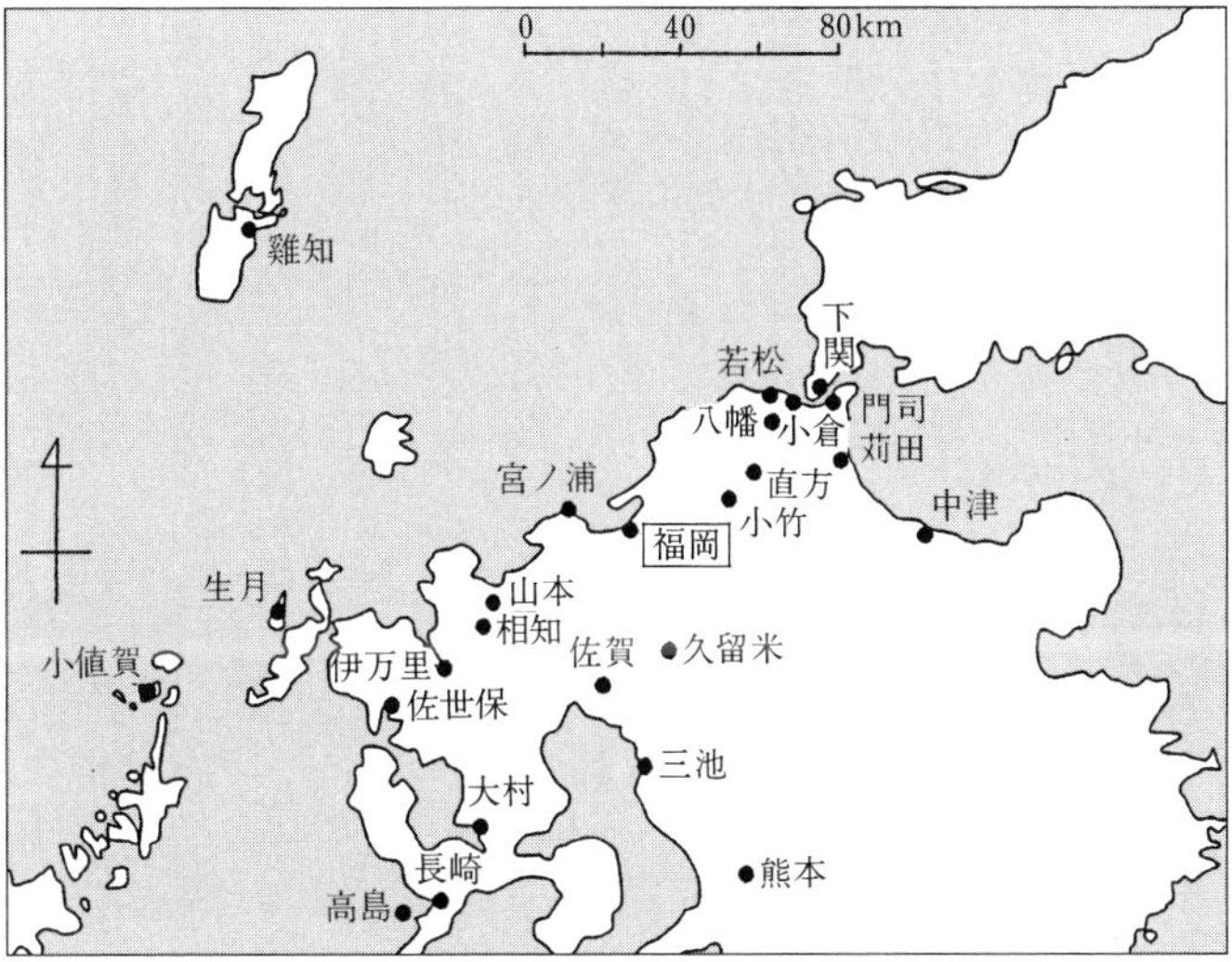

図14　松村家醤油主要販売先（1905〈明治38〉年～1913〈大正２〉年）
この図の範囲外では鹿児島・韓国（朝鮮）・中国といったところへ販売している。

ことになる。この程度の中小規模の造家だと、醤油の主産地関東などでは、市場は周辺地域に限られるのだが、松村家の場合は違った。一言で言って、販売域が広いのである。北は対馬の雞知《けち》から東は大分県の中津、西は五島列島の小値《おじ》賀《か》島、南は熊本まで、半径およそ一〇〇キロメートルの円の中に入るぐらいの広さである（図14参照）。さらに、少量ではあるが、中国・韓国（朝鮮）といった外国や、鹿児島県へも醤油を販売している。

もう少し詳しく販売先を見てみよう。一九〇五（明治三十八）年の販売先上位一〇人のうちトップは福岡県京都《みやこ》郡苅田《かんだ》村の永野弁吉という業者で、彼には一四〇石余を販売している。造石高のおよそ一五％程度で、二位の倍以上である。二位は北部九州の代表的港湾都市門司《もじ》の鹿島泰平、他では地元福岡市の業者と思われる者が四人入っているが、そのほか目立ったところでは、軍港佐世保《させぼ》、製鉄所のあった八幡《やわた》、産炭地の鞍手郡直方《のおがた》・小竹《こたけ》といったところの業者が一〇位以内に入っている。苅田は後に北九州工業地帯の外港としての地位を確立するが、この時期にこれほど醤油が売れている理由は今のところわからない。門司は北部九州の代表的港湾都市、ほかは軍や近代産業との関連で考えることができる。品質面では、高価な醤油は炭鉱会社（福岡県嘉穂郡勢田《せいた》の明治炭坑など）、警察などに売られ、逆に安価な醤油は熊本紡績・中津紡績・三池《みいけ》紡績といった紡績会社などに売られている。

つぎに、五年後の一九一〇（明治四十三）年の販売先上位を見てみよう。トップは相変わらず苅田村の永野弁吉だが、そのあと長崎市や門司市、下関市の業者に混じって長崎県高島・福岡県直方・佐賀県相知《おうち》・伊万里《いまり》など産炭地の業者が五年前よりも多く顔を出している。また久留米の鐘淵《かねがふち》紡績久留米支店、それに遠洋漁業基地であった長崎県生月島《いきつき》の業者が一〇位以内に入ってきている。相変わらず都市部への販売ないし近代産業との関連が濃厚である。しかし生月島については実に六一もの業者と取引が生じており、この点は明治三十八年にわずか二つの業者との取引しかなかったのとくらべると、大きく違っている。市場開拓の成果であろうか。なお生月島へはほとんどの場合、安価な醤油を売っている。高価な醤油の販売先には目立った特徴は見られないが、産炭地の業者が一〇位以内に二人入っている。

最後に、大正に入ってすぐの、一九一三（大正二）年について見てみよう。この年は販売先の一・二位に福岡市内の業者が入っており、三位に小倉の二十四聯隊《れんたい》が入っているのが特徴である。そのあとに産炭地福岡県田川郡後藤寺《ごとうじ》の業者、鐘淵紡績久留米支店や門司、苅田の業者（永野弁吉）、生月島の業者がつづいている。生月島の取引先は九三にまで増えている。この年は高価な醤油は長崎県平戸や生月島の旅館、佐賀市内の病院、佐世保市海兵団などへ売られ、安価な醤油は生月島の数多くの業者や小倉の二十四聯隊に売られている。

以上、明治末から大正初年にかけての松村家の取引先を見てみた。全体的な傾向として、第一に炭鉱、製鉄業、紡績業といった近代産業との結びつき、ないしそれらの発達した都市部との結びつきが濃厚といえる。そういった産業を通してのそれら都市の経済発展、所得の増加が基盤としてあったと思われる。第二に、個々の取引相手は一定していないし、たとえば「商工人名録」に出てくるような大きな商人もいない。おそらくさほど規模の大きくない、種々の商品を取り扱う食品問屋や雑貨商のような業者だったのではないだろうか。この点は今後の研究で明らかにしていかなければならない。第三に、造石高の規模のわりに販売域は広域で拡散的である。これは先に述べた、北部九州が自家用醤油醸造のメッカであったことと関連があると思われる。すなわち、販売用醤油は、自家醸造の間を縫って販売せざるをえなかったということであろう。これらの傾向はひとり松村家だけの特徴ではなく、おそらく北部九州のこの程度の造家に共通の特徴ではないかと思われるが、この点も今後の他の事例研究に期したい。

ふたたび再仕込醤油について

ところで、近世後期に柳井で発明されたとされる再仕込醤油は、いつごろからどのようにして北部九州に広まったのであろうか。実はこの点についてはよくわかっておらず、今後の研究を待たなければならないが、私は一つの仮説をもっている。それは、石炭産業とのかかわりということである。

戦後間もない時期からジョーキュウで中心的に営業活動を展開され、現在同社の相談役になっている長嶋正夫氏のお話では、同氏は筑豊の炭鉱地域を重点的に市場開拓したとい

図15　醤油のラベル（明治末，株式会社ジョーキュウ所蔵，『福岡県史　通史編近代　産業経済１』より転載）

う。それは、炭鉱では激しい労働をするので甘みを含んだ濃い味が好まれたとのことである。そのような嗜好《しこう》が再仕込醤油とぴったり合ったのだと思われる。またそのような味は日本酒よりも焼酎とよく合う。炭鉱地帯では日本酒よりも焼酎が好まれた。再仕込醤油ではなくても、北部九州各地の民俗調査などを読んでいると、いずれの事例も通常の濃口醤油よりも熟成期間が一年半〜二年と長く、この地域で濃い醤油が好まれるという傾向は共通している。先に見た近代の松村家の醤油販売域は筑豊、松浦《まつうら》、三池、高島と、北部九州の主要炭鉱地域をすべて含んでおり、同家の醤油醸造業の発展が炭鉱との関係抜きには考えられないことを物語っている。

再仕込醤油、ないし北部九州の濃い味の醤油は、近代以降の同地域での石炭産業の発展および地域住民の嗜好とのかかわりが濃厚とみられる。大規模な関東のメーカーがこの地域で販売戦略を展開したこともあったが、本節で扱った時期において、いや今でも、この地域の人たちは地元の醤油を選ぶ傾向が強い。

（井奥　成彦）

醤油あれこれ――エピローグ

醤油醸造業史研究の歩み

内務省勧業寮によって編纂された『明治七年府県物産表』にもとづいて工業生産物価額の大きなものをあげると、酒類一八六〇万円、織物類一七一五万円、醤油六三三万円、生糸《きいと》類六一六万円、味噌六一三万円、油類五四四万円、紙類五一六万円とつづいている。これらの生産額の大きさからみるかぎり、酒・醤油・味噌などのいわゆる醸造業は、重要な産業であったといってよいであろう。したがって、酒造業にかんしてはこれまで多くの研究がなされ、研究史の厚い蓄積がある。それに比して、醤油醸造業の研究は、立ち後れていた感があることは否めないものの、近年の在来産業史研究の進展にともない、活発な研究がなされるようになった。

醤油醸造業史研究の歩みをふりかえると、戦前には、岡村秀太郎氏や金兆子氏のように、醤油産地の醸造元の当主の手になる研究があり、戦後には、地方史研究の進展を背景にして産地の個別研究が進んだ。地方史研究協議会の編集した『日本産業史大系』のなかには、銚子《ちょうし》・野田にかんする荒居英次氏の研究や湯浅《ゆあさ》にかんする安藤精一氏の研究が所収されているし、そのころなされた龍野《たつの》にかんする田村善太氏、福尾猛市郎氏の研究や小豆島《しょうどしま》にかんする川野正雄氏の研究も逸することができない。これらの研究をふまえ、醤油醸造業史研究は一九七〇年代にいっそう進展した。長谷川彰氏、中山正太郎氏により近世龍野醤油史研究が推し進められるとともに、林玲子などによる銚子醤油醸造業史の研究がはじまったのである。そして、林のグループによるヤマサ醤油を対象とする研究は、一九九〇（平成二）年に『醤油醸造業史の研究』（吉川弘文館）として公刊され、長谷川氏の近世龍野醤油史研究は、一九九三（平成五）年に『近世特産物流通史論』（柏書房）として公刊された。『醤油醸造業史の研究』の刊行以降、関東の醤油産地を中心にしていっそう多くの研究成果が発表されている。林玲子を中心に醤油醸造業史研究会が結成され、多くの研究者がそれに参加したことがその背景にある。こうして、研究対象地域を拡げ、多様な研究対象を追究することが可能になったのであり、それらの研究成果は一九九九（平成十一）

年に『東と西の醤油史』（吉川弘文館）として公刊された。また、野田を中心とする醤油の国際関係史を究明した田中則雄氏の研究も集大成され、『醤油から世界を見る』（崙書房）と題して同年公刊されている。

本書は、このような最近の醤油醸造業史研究の興隆をふまえ、さらに新しい問題領域の開拓をこころみつつ、広範な読者を念頭において書かれたものである。本書をひもとくことによって、日本の醤油はどのようにして成立し、醤油醸造業の産業化がどのようにして進行したのかが容易に理解されるであろうし、地域に根ざした醤油醸造業の存立基盤についても興味深い示唆が得られるであろう。さらに、醤油の国際関係史についても整理がこころみられている。こうして、本書は、醤油醸造業史研究の現段階の到達点をさし示すものとなっているのである。

醤油醸造業は、事業としてするには、大豆・小麦・塩という大量の原料と一定の労働力を必要とし、仕込蔵や器材などの多くの設備をあらかじめ準備しなければならなかったから、在来の産業のなかでは比較的資本の固定的部分の大きい、懐妊期間の長い産業であったと考えられる。したがって、徒手空拳では、醤油醸造業への参入は概して困難であり、有力醸造家はしばしば地域の有力資産家とオーバーラップすることが少なくなかった。また、醤油醸造業は醤油税という課税の対象となっていたので、明治期以降醤油製造同業組合などによって生産量の調査がなされ、その記録がのこされるということもよくあることであった。その後、戦前から戦後の経済変動のなかで醤油醸造業が試練に直面したことを割り引いて考える必要があるとはいえ、相対的にみると、醤油醸造業は史料が概して残存しやすい環境にあったといってもよいかもしれない。そして、醤油醸造業史研究は、このような史料の存在形態に規定されて、まず醸造業者、つまりメーカーに焦点をあてて推し進められたのである。このことは、醤油醸造業の産業化の過程を明らかにするうえできわめて有効であったのであり、その後の在来産業史研究の発展を促すことにつながったのである。とはいえ、研究のさらなる展開をはかるには、考察を流通の問題や消費の問題などにもおよぼしていくことが必要であろう。

醤油史研究の課題

醤油は、現在、周知のように、濃口《こいくち》醤油、淡口《うすくち》醤油、溜《たまり》醤油、再仕込醤油、白醤油の五種類に分けられており、それぞれに製造方法や味、香りが異なっており、醤油の個性に応じて料理ごとに使い分けられている。濃口醤油は、つけ醤油、かけ醤油、煮物などと料理全般に使用されている。溜醤油は、この濃口醤油と同様に使われることもあれば、照りとコクを出す料理に重用されており、再仕込醤油は、濃口醤油とほとんど同様に使われ、とりわけつけ醤油、かけ醤油に適している。また淡口醤油は、素材のうま味を引き出すような料理に適しており、淡口醤油よりも淡い琥《こ》珀色《はくいろ》をした白醤油は、汁物や煮物などに最適とされている。しかも、こうした醤油の種類の多様化は、地域差をともなって形成されていたのであり、地域の食文化のあり方を解明するには、生産の問題だけではなく、流通や消費の問題などより広い視野から研究を進めていく必要がある。関東の人はもっぱら濃口醤油を使用しており、関西の人は濃口醤油と淡口醤油を料理によって使い分けていることはよく知られているが、こうしたことは、経済史・経営史的観点だけではなくて、社会史的観点や文化史的観点などさまざまな観点から接近することによってより十全な理解に到達しうるといってよいであろう。このようにみると、醤油は、実は意外に奥行きの深い研究対象なのであり、さまざまな角度から醤油史研究に取り組むことによって、いっそう豊かな興味深い研究成果が生まれる可能性があるのである。醤油史研究のさらなる発展を期待したい。

（林　玲子・天野　雅敏）

あとがき

ヤマサ醤油を中心にして、銚子醤油醸造業の近世社会から近現代社会への歩みを総合的に解明しようとした林玲子編『醤油醸造業史の研究』が吉川弘文館から刊行されたのは、一九九〇（平成二）年二月のことであった。その後、科学研究費補助金総合研究（A）の交付をうける幸運に恵まれ、研究対象地域を拡大し、多様な研究対象を追究することが可能となった。こうして醤油醸造業史研究会（代表、林玲子）が組織され、研究に拍車がかかった。全国の醤油産地の史料調査を実施し、それらの調査研究にもとづき、一九九九（平成十一）年六月に林玲子・天野雅敏編『東と西の醤油史』が吉川弘文館から公刊された。これらの研究書の刊行に結実した長期にわたる研究をふまえ、本書は、広範な読者を念頭において書かれたものである。こうした研究成果の発表の機会をあたえていただいたことにたいしてお礼を申しあげる。

筆者も醤油醸造業史研究会に参加を許され、多くの醤油産地の史料調査に参加する機会を得た。そうした史料調査を重ねるうちに、全国の醤油産地を比較史的にみる目が自ら養われていったように思われる。それは、一九九四（平成六）年五月の社会経済史学会第六三回全国大会において、「日本の工業化と在来産業―醤油醸造業史の地域比較―」というテーマでパネル・ディスカッションを組むことができたことにもあらわれている。同パネルでは、林玲子の問題提起に続いて、「醤油醸造業の地域構造」（長谷川彰）、「醤油産地の比較史―湯浅と小豆島―」（天野雅敏）、「地域市場向け醤油産地の研究―福岡県の場合―」（井奥成彦）、「醤油市場における関東と関西」（長妻廣至）の四つの研究報告がおこなわれ、醤油醸造業史における地域比較という論点が提起されていたのである。この研究報告に加わっていた長妻廣至氏もいまはいない。氏は、その後病魔におかされ、力作『補助金の社会史―近代日本における成立過程―』（人文書院、二〇〇一年）を刊行したのち、他界された。氏の在りし日を偲び、謹んで哀悼の意を表したい。

醤油産地の史料調査に従事するうちに、筆者は、紀伊湯浅（和歌山県）、播磨龍野（兵庫県）、讃岐小豆島（香川県）に関心をもつようになった。醤油醸造業史のうえでは、いずれも由緒のある産地であるが、それだけではなく、研究を進めてみると、学問的にも大変興味深い対象であることがわかってきたからである。古い醤油産地で、濃口醤油を主として生産していた湯浅は、関西にあって、むしろ関東の醤油醸造業と親和性をもっていたし、脇坂氏の城下町にあって、淡口醤油を開発し、京都・大坂を主な販路として発展したのが龍野醤油であった。瀬戸内海の要衝地に位置していた小豆島で、市場向けの醤油生産がはじまったのは十八世紀末期のことであり、湯浅や龍野と比較すると後発の醤油産地であったが、その後の発展には注目すべきものがあった。こうして、龍野にヒガシマル醤油が成立し、小豆島にマルキン醤油が成立するにいたった歴史的背景にも理解がおよぶようになった。

そして、このようにして比較史の重要性にあらためて思いいたったときに、吉川弘文館編集部より今回の企画をいただいた。まことに時宜を得たご提案であり、執筆者一同その企画の実現に向けて努力し、刊行にいたった。なお、本書の活字については、書物の性格を考慮して、なるべく身近な字を使用した。読者の了解を予め得ておきたいと思う。

二〇〇五年一月

天野雅敏

参考文献

油井宏子「銚子醤油醸造業における雇用労働」『論集きんせい』四号、一九八〇年

天野雅敏「幕末・明治期における醤油醸造業の展開に関する一考察」、安藤精一先生退官記念論文集『和歌山地方史の研究』、一九八七年

――「近世的パラダイムの転換と経営」、安岡重明・天野雅敏編『日本経営史1　近世的経営の展開』岩波書店、一九九五年

――「醤油産地の比較史―湯浅と小豆島―」、安藤精一・藤田貞一郎編『市場と経営の歴史―近世から近代への歩み―』清文堂出版、一九九六年

――「後発醤油産地の発展過程―明治期の小豆島の事例を中心にして―」、林玲子・天野雅敏編『東と西の醤油史』収録

安藤精一「紀州湯浅醤油の生産と流通」『近世都市史の研究』清文堂出版、一九八五年

井奥成彦「醤油原料の仕入先及び取引方法の変遷」、林玲子編『醤油醸造業史の研究』収録

――「近代における地方醤油醸造業の展開と市場―福岡県の場合―」、林玲子・天野雅敏編『東と西の醤油史』収録

――「醤油醸造業史研究の課題」『経済学研究』（九州大学）六九巻三・四合併号、二〇〇三年

市山盛雄『野田の醤油史』崙書房、一九八〇年

大川裕嗣「在来産業の近代化と労使関係の再編(1)(2)」『東京大学・社会科学研究』四二巻六号・四三巻二号、一九九一・九二年
大久保洋子『江戸のファーストフード—町人の食卓、将軍の食卓—』講談社、一九九八年
岡田哲編『食の文化を知る事典』東京堂出版、一九九八年
キッコーマン醤油株式会社編『キッコーマン株式会社八十年史』、二〇〇〇年
杉山博編『多聞院日記　索引』角川書店、一九六七年
鈴木(吉田)ゆり子「醤油醸造業における雇用労働」、林玲子編『醤油醸造業史の研究』収録
篠田壽夫「江戸地廻り経済圏とヤマサ醤油」、林玲子編『醤油醸造業史の研究』収録
龍野市史編纂専門委員会『龍野市史』二巻・三巻、一九八一・八五年
龍野醤油協同組合要覧編集委員会『龍野醤油協同組合要覧　平成十一年版』、二〇〇一年
田中則雄『醤油から世界を見る』崙書房、一九九九年
谷本雅之「銚子醤油醸造業の経営動向」、林玲子編『醤油醸造業史の研究』収録
——「関口八兵衛・直太郎」、竹内常善・阿部武司・沢井実編『近代日本における企業家の諸系譜』大阪大学出版会、一九九六年
辻善之助編『多聞院日記』一～五巻、三教書院、一九三五～三九年、角川書店、一九六七年
中山正太郎「醤油醸造業の経営構造—明治期の小豆島土庄醤油会社を中心に—」、瀬戸内海地域史研究会・渡辺則文編『瀬戸内海地域史研究　第一輯』文献出版、一九八七年
——「醤油醸造業における生産と労働—幕末・明治期の瀬戸内東部地域を中心に—」、有元正雄編

『近世瀬戸内農村の研究』渓水社、一九八八年
長妻廣至「伝統産業の近代」、高村直助編『近代日本の軌跡8　産業革命』吉川弘文館、一九九四年
西向宏介「幕末期の龍野醤油業と中央市場―大坂市場論の再検討―」、有元正雄先生退官記念論文集刊行会編『近世近代の社会と民衆』清文堂出版、一九九三年
長谷川彰『近世特産物流通史論―龍野醤油と幕藩制市場―』柏書房、一九九三年
花井俊介「三蔵協定前後のヤマサ醤油」、林玲子編『醤油醸造業史の研究』収録
林　玲子「銚子醤油醸造業の市場構造」、山口和雄・石井寛治編『近代日本の商品流通』東京大学出版会、一九八六年
――「銚子醤油醸造業の開始と展開」、林玲子編『醤油醸造業史の研究』収録
――「江戸醤油問屋の成立過程―大国屋勘兵衛商店を中心に―」『流通経済大学創立二十周年記念論文集』、一九八五年
林玲子編『醤油醸造業史の研究』吉川弘文館、一九九〇年
林玲子・天野雅敏編『東と西の醤油史』吉川弘文館、一九九九年
真壁町史編さん委員会『真壁町史料　近現代編Ⅳ醸造業』、二〇〇二年
和歌山大学経済研究所『湯浅醤油業の研究』和歌山県経済部、一九五四年
吉田　元『日本の食と酒　中世末の発酵技術を中心に』人文書院、一九九一年、講談社学術文庫、二〇一四年所収

執筆者紹介（五十音順）

天野雅敏（あまの　まさとし）　→別掲

井奥成彦（いおく　しげひこ）　一九五七年生まれ　慶應義塾大学文学部教授

谷本雅之（たにもと　まさゆき）　一九五九年生まれ　東京大学大学院経済学研究科教授

花井俊介（はない　しゅんすけ）　一九五八年生まれ　早稲田大学商学学術院教授

林　玲子（はやし　れいこ）　→別掲

編者紹介

林　玲子

一九三〇年生まれ、一九六五年東京大学大学院経済学研究科博士課程修了、元流通経済大学教授・経済学博士

二〇一三年没

主要著書

江戸・上方の大店と町家女性　関東の醤油と織物　近世の市場構造と流通

天野雅敏

一九四八年生まれ、一九七七年神戸大学大学院経済学研究科博士課程単位取得退学、現在岡山商科大学経営学部教授、神戸大学名誉教授・経済学博士

主要著書

阿波藍経済史研究　戦前日豪貿易史の研究

歴史文化ライブラリー
187

日本の味　醤油の歴史

二〇〇五年（平成十七）四月一日　第一刷発行

二〇一六年（平成二十八）十月十日　第二刷発行

編　者　林《はやし》　玲《れい》子《こ》

天《あま》野《の》雅《まさ》敏《とし》

発行者　吉川道郎

発行所　株式会社　吉川弘文館

東京都文京区本郷七丁目二番八号

郵便番号一一三―〇〇三三

電話〇三―三八一三―九一五一〈代表〉

振替口座〇〇一〇〇―五―二四四

http://www.yoshikawa-k.co.jp/

印刷＝株式会社平文社

製本＝ナショナル製本協同組合

装幀＝山崎　登

ISBN978-4-642-05587-1

歴史文化ライブラリー

1996.10

刊行のことば

現今の日本および国際社会は、さまざまな面で大変動の時代を迎えておりますが、近づきつつある二十一世紀は人類史の到達点として、物質的な繁栄のみならず文化や自然・社会環境を謳歌できる平和な社会でなければなりません。しかしながら高度成長・技術革新にともなう急激な変貌は「自己本位な刹那主義」の風潮を生みだし、先人が築いてきた歴史や文化に学ぶ余裕もなく、いまだ明るい人類の将来が展望できていないようにも見えます。このような状況を踏まえ、よりよい二十一世紀社会を築くために、人類誕生から現在に至る「人類の遺産・教訓」としてのあらゆる分野の歴史と文化を「歴史文化ライブラリー」として刊行することといたしました。

小社は、安政四年（一八五七）の創業以来、一貫して歴史学を中心とした専門出版社として書籍を刊行しつづけてまいりました。その経験を生かし、学問成果にもとづいた本叢書を刊行し社会的要請に応えて行きたいと考えております。

現代は、マスメディアが発達した高度情報化社会といわれますが、私どもはあくまでも活字を主体とした出版こそ、ものの本質を考える基礎と信じ、本叢書をとおして社会に訴えてまいりたいと思います。これから生まれでる一冊一冊が、それぞれの読者を知的冒険の旅へと誘い、希望に満ちた人類の未来を構築する糧となれば幸いです。

吉川弘文館

歴史文化ライブラリー

文化史・誌

毘沙門天像の誕生 シルクロードの東西文化交流——田辺勝美
落書きに歴史をよむ——三上喜孝
密教の思想——立川武蔵
霊場の思想——佐藤弘夫
四国遍路 さまざまな祈りの世界——星野英紀・浅川泰宏
跋扈《ばっこ》する怨霊 祟りと鎮魂の日本史——山田雄司
将門伝説の歴史——樋口州男
藤原鎌足、時空をかける 変身と再生の日本史——黒田 智
変貌する清盛『平家物語』を書きかえる——樋口大祐
鎌倉 古寺を歩く 宗教都市の風景——松尾剛次
空海の文字とことば——岸田知子
鎌倉大仏の謎——塩澤寛樹
日本禅宗の伝説と歴史——中尾良信
水墨画にあそぶ 禅僧たちの風雅——高橋範子
日本人の他界観——久野 昭
観音浄土に船出した人びと 熊野と補陀落渡海——根井 浄
殺生と往生のあいだ 中世仏教と民衆生活——苅米一志
浦島太郎の日本史——三舟隆之
宗教社会史の構想 真宗門徒の信仰と生活——有元正雄
読経の世界 能読の誕生——清水眞澄
戒名のはなし——藤井正雄
墓と葬送のゆくえ——森 謙二
仏画の見かた 描かれた仏たち——中野照男
ほとけを造った人びと 止利仏師から運慶・快慶まで——根立研介
〈日本美術〉の発見 岡倉天心がめざしたもの——吉田千鶴子
祇園祭 祝祭の京都——川嶋將生
洛中洛外図屏風 つくられた〈京都〉を読み解く——小島道裕
茶の湯の文化史 近世の茶人たち——谷端昭夫
時代劇と風俗考証 やさしい有職故実入門——二木謙一
化粧の日本史 美意識の移りかわり——山村博美
乱舞の中世 白拍子・乱拍子・猿楽——沖本幸子
神社の本殿 建築にみる神の空間——三浦正幸
古建築修復に生きる 屋根職人の世界——原田多加司
大工道具の文明史 日本・中国・ヨーロッパの建築技術——渡邉 晶
苗字と名前の歴史——坂田 聡
日本人の姓・苗字・名前 人名に刻まれた歴史——大藤 修
読みにくい名前はなぜ増えたか——佐藤 稔
数え方の日本史——三保忠夫
大相撲行司の世界——根間弘海
武道の誕生——井上 俊
日本料理の歴史——熊倉功夫

歴史文化ライブラリー

歴史文化ライブラリー

イングランド王国と闘った男 ジェラルド・オブ・ウェールズの時代——桜井俊彰
魔女裁判 魔術と民衆のドイツ史——牟田和男
フランスの中世社会 王と貴族たちの軌跡——渡辺節夫
ヒトラーのニュルンベルク 第三帝国の光と闇——芝 健介
人権の思想史——浜林正夫
グローバル時代の世界史の読み方——宮崎正勝

考古学

タネをまく縄文人 最新科学が覆す農耕の起源——小畑弘己
農耕の起源を探る イネの来た道——宮本一夫
O脚だったかもしれない縄文人 人骨は語る——谷畑美帆
老人と子供の考古学——山田康弘
〈新〉弥生時代 五〇〇年早かった水田稲作——藤尾慎一郎
交流する弥生人 金印国家群の時代の生活誌——高倉洋彰
樹木と暮らす古代人 木製品が語る弥生・古墳時代——樋上 昇
古 墳——土生田純之
東国から読み解く古墳時代——若狭 徹
神と死者の考古学 古代のまつりと信仰——笹生 衛
国分寺の誕生 古代日本の国家プロジェクト——須田 勉
銭の考古学——鈴木公雄
太平洋戦争と考古学——坂詰秀一

古代史

邪馬台国 魏使が歩いた道——丸山雍成
邪馬台国の滅亡 大和王権の征服戦争——若井敏明
日本語の誕生 古代の文字と表記——沖森卓也
日本国号の歴史——小林敏男
古事記のひみつ 歴史書の成立——三浦佑之
日本神話を語ろう イザナキ・イザナミの物語——中村修也
東アジアの日本書紀 歴史書の誕生——遠藤慶太
〈聖徳太子〉の誕生——大山誠一
倭国と渡来人 交錯する「内」と「外」——田中史生
大和の豪族と渡来人 葛城・蘇我氏と大伴・物部氏——加藤謙吉
白村江の真実 新羅王・金春秋の策略——中村修也
古代豪族と武士の誕生——森 公章
飛鳥の宮と藤原京 よみがえる古代王宮——林部 均
出雲国誕生——大橋泰夫
古代出雲——前田晴人
エミシ・エゾからアイヌへ——児島恭子
古代の皇位継承 天武系皇統は実在したか——遠山美都男
持統女帝と皇位継承——倉本一宏
古代天皇家の婚姻戦略——荒木敏夫
高松塚・キトラ古墳の謎——山本忠尚

歴史文化ライブラリー

中世史

歴史文化ライブラリー

- 捨聖《すてひじり》一遍――今井雅晴
- 神や仏に出会う時 中世びとの信仰と絆――大喜直彦
- 神風の武士像 蒙古合戦の真実――関 幸彦
- 鎌倉幕府の滅亡――細川重男
- 足利尊氏と直義 京の夢、鎌倉の夢――峰岸純夫
- 高 師直 室町新秩序の創造者――亀田俊和
- 新田一族の中世 「武家の棟梁」への道――田中大喜
- 地獄を二度も見た天皇 光厳院――飯倉晴武
- 東国の南北朝動乱 北畠親房と国人――伊藤喜良
- 南朝の真実 忠臣という幻想――亀田俊和
- 中世の巨大地震――矢田俊文
- 大飢饉、室町社会を襲う！――清水克行
- 贈答と宴会の中世――盛本昌広
- 中世の借金事情――井原今朝男
- 庭園の中世史 足利義政と東山山荘――飛田範夫
- 土一揆の時代――神田千里
- 山城国一揆と戦国社会――川岡 勉
- 一休とは何か――今泉淑夫
- 中世武士の城――齋藤慎一
- 武田信玄――平山 優
- 歴史の旅 武田信玄を歩く――秋山 敬
- 戦国大名の兵粮事情――久保健一郎
- 戦乱の中の情報伝達 使者がつなぐ中世京都と在地――酒井紀美
- 戦国時代の足利将軍――山田康弘
- 名前と権力の中世史 室町将軍の朝廷戦略――水野智之
- 戦国貴族の生き残り戦略――岡野友彦
- 戦国を生きた公家の妻たち――後藤みち子
- 鉄砲と戦国合戦――宇田川武久
- 検証 長篠合戦――平山 優
- よみがえる安土城――木戸雅寿
- 検証 本能寺の変――谷口克広
- 加藤清正 朝鮮侵略の実像――北島万次
- 落日の豊臣政権 秀吉の憂鬱、不穏な京都――河内将芳
- 北政所と淀殿 豊臣家を守ろうとした妻たち――小和田哲男
- 豊臣秀頼――福田千鶴
- 偽りの外交使節 室町時代の日朝関係――橋本 雄
- 朝鮮人のみた中世日本――関 周一
- ザビエルの同伴者 アンジロー 戦国時代の国際人――岸野 久
- 海賊たちの中世――金谷匡人
- 中世 瀬戸内海の旅人たち――山内 譲
- アジアのなかの戦国大名 西国の群雄と経営戦略――鹿毛敏夫
- 琉球王国と戦国大名 島津侵入までの半世紀――黒嶋 敏

歴史文化ライブラリー

天下統一とシルバーラッシュ 銀と戦国の流通革命——本多博之

近世史

神君家康の誕生 東照宮と権現様——曽根原 理
江戸の政権交代と武家屋敷——岩本 馨
江戸の町奉行——南 和男
江戸御留守居役 近世の外交官——笠谷和比古
検証 島原天草一揆——大橋幸泰
大名行列を解剖する 江戸の人材派遣——根岸茂夫
江戸大名の本家と分家——野口朋隆
赤穂浪士の実像——谷口眞子
〈甲賀忍者〉の実像——藤田和敏
江戸の武家名鑑 武鑑と出版競争——藤實久美子
武士という身分 城下町萩の大名家臣団——森下 徹
旗本・御家人の就職事情——山本英貴
武士の奉公 本音と建前 江戸時代の出世と処世術——高野信治
宮中のシェフ、鶴をさばく 江戸時代の朝廷と庖丁道——西村慎太郎
馬と人の江戸時代——兼平賢治
犬と鷹の江戸時代 〈犬公方〉綱吉と〈鷹将軍〉吉宗——根崎光男
江戸時代の孝行者 「孝義録」の世界——菅野則子
死者のはたらきと江戸時代 遺訓・家訓・辞世——深谷克己
近世の百姓世界——白川部達夫
江戸の寺社めぐり 鎌倉・江ノ島・お伊勢さん——原 淳一郎
宿場の日本史 街道に生きる——宇佐美ミサ子
江戸のパスポート 旅の不安はどう解消されたか——柴田 純
〈身売り〉の日本史 人身売買から年季奉公へ——下重 清
江戸の捨て子たち その肖像——沢山美果子
歴史人口学で読む江戸日本——浜野 潔
それでも江戸は鎖国だったのか オランダ宿 日本橋長崎屋——片桐一男
江戸の文人サロン 知識人と芸術家たち——揖斐 高
エトロフ島 つくられた国境——菊池勇夫
江戸時代の医師修業 学問・学統・遊学——海原 亮
江戸の流行り病 麻疹騒動はなぜ起こったのか——鈴木則子
江戸幕府の日本地図 国絵図・城絵図・日本図——川村博忠
江戸城が消えていく 『江戸名所図会』の到達点——千葉正樹
都市図の系譜と江戸——小澤 弘
江戸の地図屋さん 販売競争の舞台裏——俵 元昭
近世の仏教 華ひらく思想と文化——末木文美士
江戸時代の遊行聖——圭室文雄
ある文人代官の幕末日記 林鶴梁の日常——保田晴男
松陰の本棚 幕末志士たちの読書ネットワーク——桐原健真
幕末の世直し 万人の戦争状態——須田 努
幕末の海防戦略 異国船を隔離せよ——上白石 実

歴史文化ライブラリー

江戸の海外情報ネットワーク——岩下哲典
黒船がやってきた 幕末の情報ネットワーク——岩田みゆき
幕末日本と対外戦争の危機 下関戦争の舞台裏——保谷 徹

近・現代史

五稜郭の戦い 蝦夷地の終焉——菊池勇夫
幕末明治 横浜写真館物語——斎藤多喜夫
横井小楠 その思想と行動——三上一夫
水戸学と明治維新——吉田俊純
大久保利通と明治維新——佐々木 克
旧幕臣の明治維新 沼津兵学校とその群像——樋口雄彦
維新政府の密偵たち 御庭番と警察のあいだ——大日方純夫
明治維新と豪農 古橋暉皃の生涯——高木俊輔
京都に残った公家たち 華族の近代——刑部芳則
文明開化 失われた風俗——百瀬 響
西南戦争 戦争の大義と動員される民衆——猪飼隆明
大久保利通と東アジア 国家構想と外交戦略——勝田政治
自由民権運動の系譜 近代日本の言論の力——稲田雅洋
明治の政治家と信仰 クリスチャン民権家の肖像——小川原正道
福沢諭吉と福住正兄《ふくずみまさえ》 世界と地域の視座——金原左門
日赤の創始者 佐野常民《つねたみ》——吉川龍子
文明開化と差別——今西 一
アマテラスと天皇 〈政治シンボル〉の近代史——千葉 慶
大元帥と皇族軍人 明治編——小田部雄次
明治の皇室建築 国家が求めた〈和風〉像——小沢朝江
皇居の近現代史 開かれた皇室像の誕生——河西秀哉
明治神宮の出現——山口輝臣
神都物語 伊勢神宮の近現代史——ジョン・ブリーン
日清・日露戦争と写真報道 戦場を駆ける写真師たち——井上祐子
博覧会と明治の日本——國 雄行
公園の誕生——小野良平
啄木短歌に時代を読む——近藤典彦
町火消たちの近代 東京の消防史——鈴木 淳
鉄道忌避伝説の謎 汽車が来た町、来なかった町——青木栄一
軍隊を誘致せよ 陸海軍と都市形成——松下孝昭
家庭料理の近代——江原絢子
お米と食の近代史——大豆生田 稔
日本酒の近現代史 酒造地の誕生——鈴木芳行
失業と救済の近代史——加瀬和俊
近代日本の就職難物語 「高等遊民」になるけれど——町田祐一
選挙違反の歴史 ウラからみた日本の一〇〇年——季武嘉也
海外観光旅行の誕生——有山輝雄
関東大震災と戒厳令——松尾章一

歴史文化ライブラリー

モダン都市の誕生 大阪の街・東京の街——橋爪紳也
激動昭和と浜口雄幸——川田 稔
昭和天皇とスポーツ 〈玉体〉の近代史——坂上康博
昭和天皇側近たちの戦争——茶谷誠一
大元帥と皇族軍人 大正・昭和編——小田部雄次
海軍将校たちの太平洋戦争——手嶋泰伸
植民地建築紀行 満洲・朝鮮・台湾を歩く——西澤泰彦
帝国日本と植民地都市——橋谷 弘
稲の大東亜共栄圏 帝国日本の〈緑の革命〉——藤原辰史
地図から消えた島々 幻の日本領と南洋探検家たち——長谷川亮一
日中戦争と汪兆銘《おうちょうめい》——小林英夫
自由主義は戦争を止められるのか 芦田均・清沢洌・石橋湛山——上田美和
モダン・ライフと戦争 スクリーンのなかの女性たち——宜野座菜央見
彫刻と戦争の近代——平瀬礼太
特務機関の謀略 諜報とインパール作戦——山本武利
首都防空網と〈空都〉多摩——鈴木芳行
陸軍登戸研究所と謀略戦 科学者たちの戦争——渡辺賢二
帝国日本の技術者たち——沢井 実
〈いのち〉をめぐる近代史 堕胎から人工妊娠中絶へ——岩田重則
強制された健康 日本ファシズム下の生命と身体——藤野 豊
戦争とハンセン病——藤野 豊
「自由の国」の報道統制 大戦下の日系ジャーナリズム——水野剛也
敵国人抑留 戦時下の外国民間人——小宮まゆみ
銃後の社会史 戦死者と遺族——一ノ瀬俊也
海外戦没者の戦後史 遺骨帰還と慰霊——浜井和史
国民学校 皇国の道——戸田金一
学徒出陣 戦争と青春——蜷川壽惠
〈近代沖縄〉の知識人 島袋全発の軌跡——屋嘉比 収
沖縄戦 強制された「集団自決」——林 博史
原爆ドーム 物産陳列館から広島平和記念碑へ——頴原澄子
戦後政治と自衛隊——佐道明広
米軍基地の歴史 世界ネットワークの形成と展開——林 博史
沖縄 占領下を生き抜く 軍用地・通貨・毒ガス——川平成雄
昭和天皇退位論のゆくえ——冨永 望
紙 芝 居 街角のメディア——山本武利
団塊世代の同時代史——天沼 香
闘う女性の20世紀 地域社会と生き方の視点から——伊藤康子
丸山真男の思想史学——板垣哲夫
文化財報道と新聞記者——中村俊介

各冊一七〇〇円～一九〇〇円（いずれも税別）
▽残部僅少の書目も掲載してあります。品切の節はご容赦下さい。